Christophe Tardy - David Dieulle

ILS ONT MIS DE L'EAU DANS LEURS MOTEURS

Pourquoi pas vous ?

FSC
www.fsc.org
MIXTE
Papier issu
de sources
responsables
Paper from
responsible sources
FSC® C105338

Ils ont mis de l'eau dans leurs moteurs
pourquoi pas vous ?

Christophe Tardy - David Dieulle

Aux enfants à qui nous empruntons la planète :
Léo, Tia, Emile, et tous les autres…

Remerciements

Denis et Dominique
Didier Feret (Ifraco)
Jean-Louis et Elisabeth, et l'équipe d'APTE
Julien Geffray

Et tous ceux qui nous ont apporté leur aide, d'une manière ou
d'une autre.

Nous remercions particulièrement Jean-Pierre Petit, qui nous a fait l'amitié d'illustrer gracieusement les touches d'humour que nous tenions à inclure dans ce livre pour en alléger la lecture. Nous considérons comme un honneur de bénéficier de son incomparable talent.

**Ils ont mis de l'eau dans leurs moteurs,
pourquoi pas vous ?**

3ème édition 2023

Édition : BoD – Books on Demand, info@bod.fr

Impression : BoD – Books on Demand,
In de Tarpen 42, Norderstedt (Allemagne)
Impression à la demande

Illustration : J-P. Petit, C. Tardy, D. Dieulle

ISBN : 978-2-3225-0198-4
Dépôt légal : Septembre 2023

Préambule

David et moi avons écrit ce livre avec les objectifs suivants :

- Faire un historique de l'utilisation de l'eau dans les moteurs thermiques à travers les publications qui nous semblent les plus dignes d'intérêt.
- Raconter notre propre trajectoire dans ce domaine durant les cinq dernières années (2004 - 2009)
- Partager des informations techniques exploitables au quotidien par les techniciens motoristes qui souhaitent utiliser l'eau en plus des carburants dits conventionnels.

La première partie s'adresse aux curieux ayant déjà de solides bases techniques et désirant avoir une vue d'ensemble de l'état de l'art. La deuxième est un récit accessible à tous, sans concession ni faux-semblant, décrivant avec humour et réalisme quelques étapes clefs de notre projet. La troisième est un véritable vademecum pour l'amateur ou le professionnel désireux d'améliorer le rendement des moteurs thermiques dont il s'occupe.

Pour des raisons littéraires, cette histoire est souvent narrée par moi, Christophe, à la première personne du singulier. Ne vous y trompez pas, David a fourni à cet ouvrage le socle technique qui en fait un document de référence, et il a rédigé la troisième partie. Nous avons aussi été épaulés par des professionnels de haut niveau, que ce soit en sciences physiques ou en motorisation.

Vous apprendrez que le "moteur à eau" est un sujet très ancien, et que la documentation à ce sujet est très abondante. Le lecteur pourra poursuivre par lui-même cette enquête avec le formidable outil qu'est Internet.

Nous vous ferons partager nos conclusions et réalisations sur le sujet, ayant abouti à des produits performants et bien réels, et ceci sans attendre d'hypothétiques miracles technologiques ni non plus renoncer aux motorisations existantes. Pour les incorrigibles bricoleurs, vous trouverez en annexe les plans du SPAD original, qui ont été publiés pour la première fois via l'association APTE, ainsi que de nombreuses autres idées.

Première Partie

DE L'EAU DANS LES MOTEURS

Mythes fondateurs

Le moteur à eau... un rêve pour nous tous, et, s'il existe, un cauchemar pour l'Etat, à moins de taxer l'eau elle-même.

Lorsqu'on se plonge dans la littérature technique et scientifique, on ne peut que se laisser entraîner dans des enquêtes passionnantes qui mêlent la science, l'histoire, l'économie et le destin d'hommes hors du commun. Le mythe du moteur à eau alimente tous les fantasmes lorsqu'il est associé à la théorie du complot, au secret, aux disparitions mystérieuses d'inventeurs géniaux n'ayant pas eu le temps de développer leurs inventions. Qu'est-il arrivé à Meyer et Chambrin ? Pantone est-il devenu fou ? Est-il vraiment en prison ? Invariablement, à notre corps défendant, nous envisageons l'existence de technologies cachées et stupéfiantes, que le public ne doit pas connaître. Nous avons tous vu au moins un film qui traite de ce sujet, c'est inscrit dans notre conscience collective. Le scénario est tout prêt, des hommes en noir en limousine, qui débarquent avec une valise de billets ou bien une arme avec silencieux. Les lobbies, l'Etat, les multinationales, qui tire les ficelles ?

Qui croire, que croire?

La plupart d'entre nous n'ont ni les moyens ni les compétences pour évaluer techniquement ces intrigantes rumeurs. La simple lecture d'un brevet est une aventure en soi. La moindre équation de chimie nécessite de replonger dans nos cahiers d'étudiants, si tant est que nous ayons abordé le sujet. De la même manière, le métier de journaliste d'investigation ne s'improvise pas. La reconstitution de l'histoire de ces inventeurs passe par de nombreuses heures de recherches et d'interviews, quand elles sont encore possibles.

La plupart du temps, nous butons sur ces obstacles et nous en sommes réduits à laisser vagabonder notre imagination. De ces errances bien naturelles naissent rumeurs et mythes, qui se propagent en s'amplifiant, qu'ils soient fondés ou non.

Les grands thèmes de ces rumeurs sont liés à l'énergie libre. Parmi eux nous trouvons par exemple l'énergie du vide, les moteurs sur unitaires (magnétiques ou autres), le mouvement perpétuel, l'électricité de Tesla, et bien sûr l'énergie "cachée" dans l'eau, etc.

Notre mythe à nous, c'est justement le moteur à eau. Nous allons vous raconter ce que l'on sait de cette histoire-là, en commençant par le célèbre motoriste Clerget.

1898 Clerget

L'excellente monographie de Pierre Clerget par Gérard Hartmann donne une idée du génie de cet homme. Ce motoriste, qui a rencontré Diesel et Sabatier, était tout à la fois un concepteur et le propre artisan de ses idées, réalisant par lui même des moteurs de toutes espèces avec une créativité et une pertinence qui nous laissent sans voix. Les grands esprits sont modernes par essence, et leurs idées gardent au fil des années et même des siècles une incroyable fraîcheur. Je concède que Clerget est particulièrement cher à mon cœur car il a motorisé des avions, et que … j'adore les avions. Le premier moteur diesel pour aéroplane a été construit par Clerget.

Fig. 1 : Clerget et le Morane Saulnier MS230
(dessin d'après photo)

Gérard Hartmann est également l'auteur d'un document électronique intitulé "le moteur à eau". Il recense l'utilisation de l'eau dans les moteurs de manière très complémentaire à la nôtre, plutôt orientée "aviation". Notamment il fait état du moteur à gaz de Hugon, datant de 1865 utilisant de l'eau pour augmenter la puissance, diminuer la température et prolonger la vie du moteur.

Fig. 2 : Moteur à gaz de Hugon exposé au Conservatoire National des Arts et Métiers

Ce document cite évidemment Sabatier, totalement incontournable dans cette histoire, comme nous allons le voir.

1920 Sabatier

Dans son ouvrage "La Catalyse en Chimie Organique" édité en 1920, au chapitre "Sur les catalyseurs", Paul Sabatier écrit au paragraphe 73 page 23 , dans la rubrique "Oxydes catalyseurs" :

*73. Eau. - L'eau paraît fréquemment intervenir comme catalyseur positif ; **un assez grand nombre de réactions ne peuvent s'accomplir facilement qu'en présence de traces d'humidité**. Les oxydations sont généralement plus difficiles à réaliser au moyen d'oxygène rigoureusement sec (Dixon, Proc. Roy. Soc., 37, 56 ; 1884). On n'arrive pas à provoquer la détonation des mélanges absolument secs d'oxyde de carbone et d'oxygène. Une flamme d'oxyde de carbone s'éteint dans l'air tout à fait sec (Traube, Ber., 18, 1890 ; 1885). Le carbone et même le phosphore refuse de brûler dans l'oxygène parfaitement desséché (Baker, Chem. Soc., 47, 349 ; 1886). L'hydrogène et l'oxygène exactement secs ne se combinent pas encore à 1000°C. Le mélange de gaz ammoniac et de gaz chlorhydrique rigoureusement privés d'humidité ne donne aucune formation de chlorure d'ammonium solide ; inversement le chlorure d'ammonium parfaitement desséché peut être vaporisé sans subir de dédoublement et sa densité de vapeur est alors normale (Baker, Chem. Soc., 65, 611 ; 1894).*

Le fluor absolument sec n'attaque pas le verre (Moissan).

Cette intervention utile de l'eau comme catalyseur n'apparaît que tout à fait exceptionnellement. Dans les réactions de la chimie organique. Signalons toutefois que dans l'oxydation catalytique des vapeurs de méthanol sur une spirale de platine incandescente, la présence d'eau favorise la production d'aldéhyde formique. Avec l'alcool méthylique pur, l'incandescence ne se produit que lorsque la spirale a une température initiale d'au moins 400°C, tandis qu'avec l'alcool additionné de 20 p. 100 d'eau, il suffit d'une température initiale de 175°C (Trillat, Bull. Soc. Chim., 29, 35 ; 1903).

En 1939, Sabatier écrit la chose suivante dans le compte rendu d'une de ses conférences intitulée "Hydrogénations directes sur le nickel" :

... Ce succès nous donnait la conviction de la puissance du nickel comme catalyseur d'hydrogénation directe, pour toutes les molécules volatiles au-dessous de 250°C et nous sommes parvenus, M. Senderens et moi, à l'appliquer utilement dans une multitude de cas, soit qu'il y ait élimination d'oxygène par formation d'eau, avec substitution de H ; (...) soit qu'il y ait seulement fixation d'hydrogène.

Sabatier mettra un point un carburant de synthèse basé sur ses recherches. Cette essence, légère et bon marché, sombrera dans les oubliettes. Cruelle est la loi du marché.

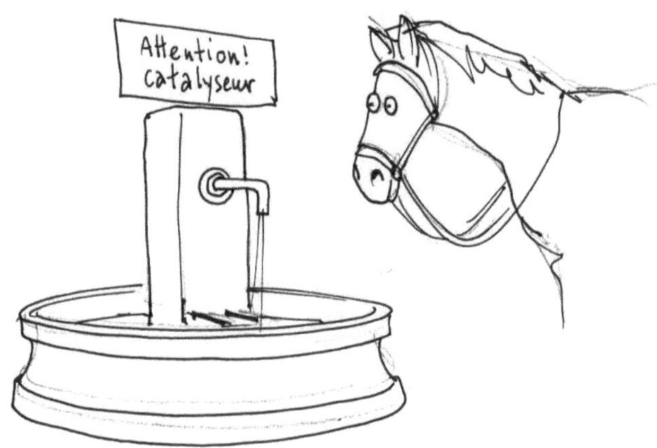

Fig. 3 : L'eau est elle-même un catalyseur.

1928 Weber

Il y a 80 ans, Emile Weber publie un livre étonnant : La combustion et les moteurs. Les sous-titres en sont très alléchants : le diesel léger, le carburateur chimique, l'allumage, les procédés mécaniques.

Le carburateur chimique... tiens tiens.

Voici quelques morceaux choisis de ce livre, visionnaire en bien des aspects et absolument remarquable, qui ne manqueront pas d'éveiller la curiosité de nos amis mécaniciens.

page 100

Beaucoup de substances à point d'allumage élevé, par exemple, les hydrocarbures aromatiques libèrent de l'hydrogène et si les produits résultant ont une température d'allumage spontané plus élevée que l'hydrogène, c'est l'hydrogène qui sert d'allumeur initial. La température d'allumage spontané est en relation intime avec celle où l'hydrogène se dégage.

page 107

Aufhäuser considère CO comme un radical typique : "l'anhydride carbonique (CO2) peut naître ou disparaître, mais c'est l'oxyde de carbone qui est le véritable radical dans la combustion".

page 113 (moteurs de première classe à allumage commandé)

Mais le cas idéal est celui où, partant des combustibles liquides les plus divers, on peut fournir au moteur un mélange dont la température d'allumage spontanée est élevée et constante quelle que soit la nature du combustible envisagé. Ceci implique une transformation intime préalable, par exemple une décomposition thermochimique (expérience de Wollers et Ehmke)

Nous arrivons ici à la notion de "carburateur chimique" qui peut conduire à des résultats industriels importants.

page 115 (moteurs de seconde classe, à allumage spontané).

Dans cette seconde classe, il y a lieu d'écarter toutes les circonstances de nature à accroître la température d'allumage spontané. Par contre, les procédés capables d'abaisser cette température sont à considérer comme favorables à l'allumage et à la combustion. L'addition de corps "détonants" ou la constitution de mélanges à basse température d'allumage spontané est donc très avantageuse

...

Ils (les moteurs de seconde classe) possèdent en effet un transformateur "chimique" : l'antichambre. Celle-ci ne doit pas être considérée comme une simple chambre de pré-explosion pour l'injection purement mécanique de la charge principale du combustible liquide. Il s'y passe un des phénomènes les plus remarquables de la technique thermochimique. Sous l'action de la pré-explosion, il s'opère une transformation intime du combustible en absence d'oxygène, mais en présence d'anhydride carbonique, de vapeur d'eau et d'oxyde de carbone. On peut admettre que ce qui sort de l'antichambre est un produit gazeux analogue à celui dégagé par le four expérimental de de Wollers et Ehemke. On peut admettre aussi, en appliquant la théorie d'Aufhäuser que sous l'action de la pré-explosion, le "véritable carbone" entre en lice et que l'hydrocarbure liquide se trouve transformé en les deux combustibles gazeux élémentaires et fondamentaux : l'hydrogène et l'oxyde de carbone.

page 142

La tâche de l'avenir dans tous les domaines de la combustion est à définir comme suit : augmentation de la vitesse de transformation du carbone vers le gaz à l'eau.

page 172

L'idée de recourir aux métaux catalytiques devait donc naturellement venir à l'esprit des inventeurs. Le rôle de ces métaux consiste en effet, suivant l'expression de pierre Duhem, "à accélérer la vitesse des transformations et de se comporter comme un lubrifiant qui atténuerait les résistances passives et les frottements chimiques".

page 174 (Citation du chimiste Grebel)

Aussi est-il rationnel de chercher à préparer chimiquement, aux dépens de la chaleur perdue des gaz d'échappement, le mélange tonnant avant son admission aux cylindres, de façon à se rapprocher du mélange idéal. La présence d'un catalyseur peut, d'ailleurs, abaisser les températures nécessaires au cracking et à l'oxydation du carbone qui tendrait à se déposer.

...

C'est précisément ce qu'ont obtenu MM. Balachowski et Caire. En faisant passer, sur un catalyseur chauffé par les gaz d'échappement, une émulsion de carburant et d'un peu d'air primaire, ils pyrogènent ce carburant sous forme de gaz et de vapeurs d'essence de cracking dont les avantages, au point de vue production de force motrice, sont maintenant indiscutés. De plus, le carbone que tendraient à abandonner les hydrocarbures lourds, ne peut se déposer, car il est oxydé au fur et à mesure par l'air primaire. Cependant, la proportion de cet air doit être sévèrement limité pour ne pas exagérer le dégagement des calories en dehors des cylindres qui est, il est vrai, compensé par un meilleur remplissage du diagramme et, en quelques cas, par un emprunt de la chaleur de dissociation aux produits de combustion ayant quitté les cylindres. Il va sans dire que l'addition d'air secondaire au mélange primaire catalysé doit être réglée de manière à assurer une combustion parfaite du combustible.

...

Quoi qu'il en soit, la substitution du Catalex aux carburateurs physiques permet d'ores et déjà, d'accroître la puissance des moteurs automobiles de 15% environ et de réduire leur consommation par cheval / heure de 20%. En sus, le carburateur chimique procure un moelleux et une douceur de marche jusqu'alors inconnus.

Dans la collection "Les Grands Problèmes de l'Energie" Weber n'a jamais publié à notre connaissance les tomes 2 et 3. Une vingtaine de volumes étaient prévus sur 10 ans. Plutôt bizarre, non ?

Le carburateur chimique catalysé et alimenté en énergie par la chaleur des gaz d'échappement permet de convertir tout combustible, même une huile lourde, en un gaz se rapprochant du gaz à l'eau, dont la combustion est idéale pour les moteurs. Faisons un peu mieux connaissance avec ce carburateur chimique.

1931 Le Catalex

Messieurs Caire et Balachowski obtiennent un brevet aux USA pour le sus-cité carburateur chimique "Catalex" (US 1,833,552) issu de la collaboration avec Weber.

En voici un résumé d'après le texte original en anglais.

Appareillage d'alimentation en carburant pour moteur à combustion interne.

l'appareillage consiste à produire un gaz explosif en deux étapes. La première est la pré oxydation catalysée d'un mélange très riche d'hydrocarbures et d'air "primaire", la réaction étant chauffée par les gaz d'échappement. La deuxième est le mélange des produits de cette oxydation avec de l'air frais, au moyen d'un mélangeur conventionnel.

Il est notamment précisé que l'hydrocarbure employé peut être une huile lourde pulvérisée et que l'on peut additionner par exemple un autre liquide non miscible, avec un deuxième carburateur. On ne peut s'empêcher de penser à de l'eau. Les croquis joints au brevet sont étonnants, non en raison de leur contenu, mais en raison de la date du brevet. En effet le principe décrit est très proche de brevets qui ont été déposés bien après, comme ceux de Chambrin et Pantone.

Le gaz qui sort en haut à gauche de la figure ci-dessous est re-mélangé à de l'air frais dans un carburateur à circulation en spirale, analogue en configuration à une pompe centrifuge. Le mélange se fait donc avec une géométrie de la famille des vortex.

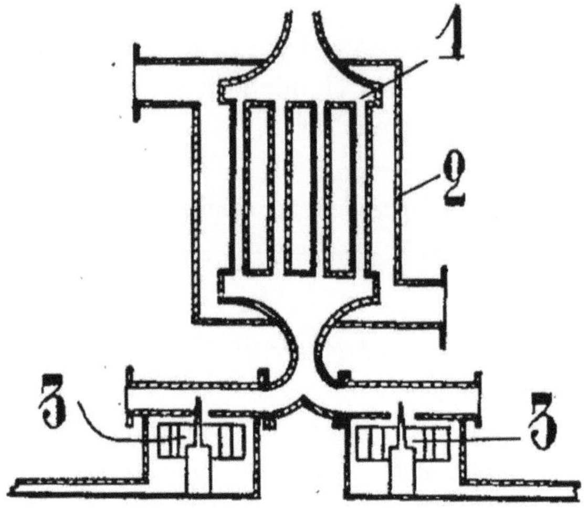

Fig. 4 : figure 6 du brevet Catalex.

Deux carburateurs (3) alimentant un réacteur catalytique d'oxydation partielle (1) chauffé par les gaz d'échappement circulant dans la tubulure (2).

Les super carburateurs

Lorsqu'il est mal réalisé, le mélange air essence a toujours été une des sources de mauvais rendement de la combustion et du moteur. Si Weber, Caire et Balachowski ont exploré la voie de la pré oxydation pour y remédier, d'autres inventeurs ont eux travaillé sur la vaporisation des carburants légers, la phase gazeuse étant l'objectif à atteindre.

Le 11 mars 1930, **Charles Nelson Pogue** dépose un premier brevet US Patent # 1,750,354 concernant un carburateur, dont la caractéristique principale est de vaporiser complètement le combustible afin d'en favoriser la combustion.

Cette invention est constituée d'amélioration des carburateurs, et son objet principal est la production économique d'un mélange combustible sec correctement proportionné à partir d'un carburant liquide, et plus généralement l'amélioration et la simplifications des moyens pour y parvenir.

En particulier l'objet de cette invention est de fournir une alimentation positive de carburant liquide, de le vaporiser après atomisation, ainsi que de procéder au préchauffage du mélange combustible.

L'invention inclut par construction les moyens de maintenir l'alimentation de carburant liquide et de l'atomiser, les moyens d'amener ce carburant sous pression à la fois par pompage et par un injecteur à air comprimé, les moyens de chauffer la chambre de vaporisation par les gaz d'échappement du moteur, et les moyens de mélanger gaz et vapeurs dans cette chambre.

Un extrait attirera notre attention, mentionnant l'utilisation d'eau comme une option tout à fait anodine, presque naturelle.

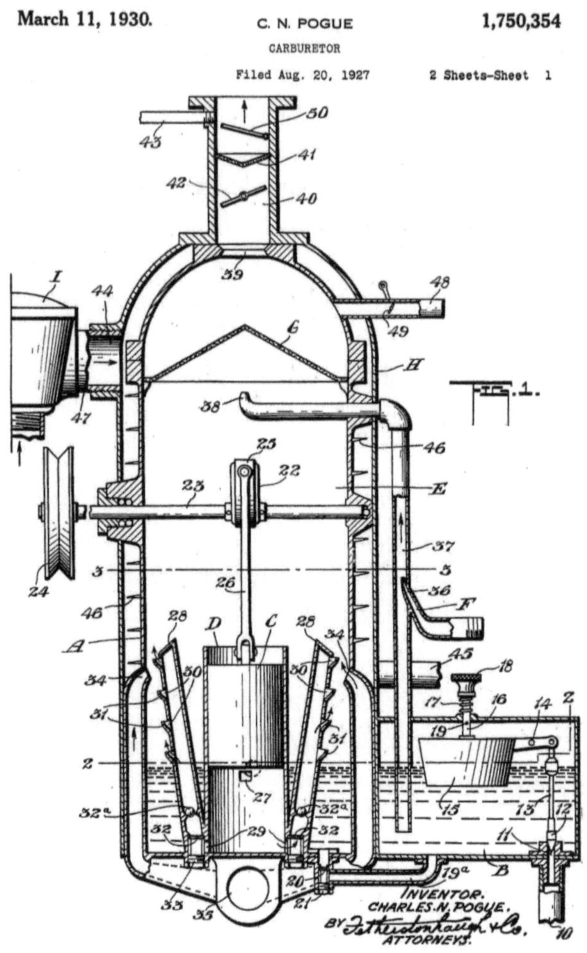

Fig. 5 : Premier carburateur Pogue

Si on le désire , on peut introduire de la vapeur d'eau dans le mélange de carburant, ce qui peut être fait par le tube 43 (en haut à gauche du dessin) connecté au conduit 40.

Les performances réelles du système ont soulevé et soulèvent encore de nombreuses polémiques, mais ce qui nous intéresse ici est surtout l'évocation de l'eau comme additif. Les améliorations amenées par Pogue dans ses deux brevets suivants concernent notamment le mécanisme et la géométrie de l'ensemble par exemple l'idée d'une chambre de vaporisation en spirale. Nous vous laissons le soin de vous y plonger.

En 1980, **Alan L. Francoeur** commence à réfléchir à un système comparable, de sa propre conception, baptisé "ALF Vaporizer". Tout comme Pogue, il cherche à produire à partir du carburant liquide des vapeurs denses et sans gouttelettes. Il utilise lui aussi la chaleur du moteur, celle du liquide de refroidissement, ou celle des gaz d'échappement pour cette vaporisation. Ses travaux, de longue haleine, sont remarquables de pragmatisme et de simplicité.

Une des difficultés est de vaporiser les composants les plus lourds de l'essence pour éviter qu'ils ne se concentrent et viennent épaissir le mélange initial dans le réservoir. En effet une des astuces du système est de renvoyer au réservoir le carburant non vaporisé. Le résultat, en 2003 (dessin original daté du 14 février), est un dispositif concret lui ayant permis de réaliser de substantielles économies et une baisse spectaculaire de la pollution sur son propre véhicule, tests à l'appui (attention cependant, nous ne l'avons pas vérifié par nous-mêmes).

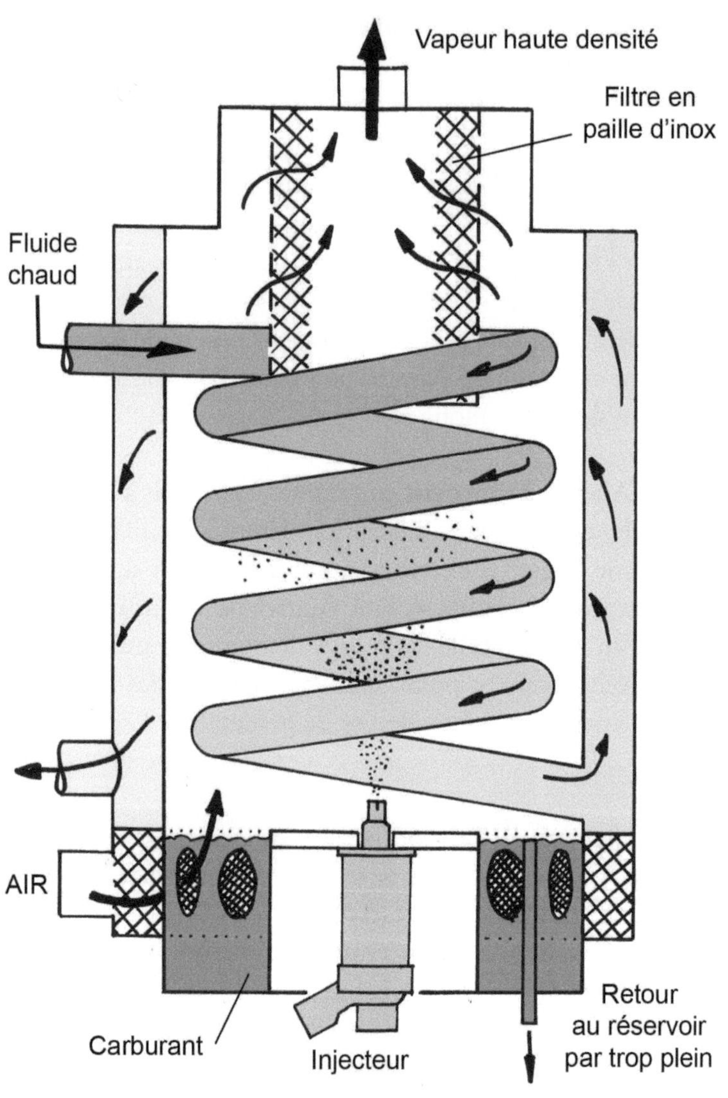

Fig. 6 : Notre analyse simplifiée du "ALF Vaporizer".

Cet appareil utilise tout ce qui possible pour vaporiser le carburant : chaleur, pulvérisation, bullage. Les trouvailles techniques de ce vaporisateur semblent évidentes, mais elles sont géniales dans le sens où elles sont reproductibles avec des moyens accessibles, ce qui est à nos yeux un critère d'excellence.

L'inventeur a publié ses travaux sur Internet. Bien qu'il ne soit pas fait mention d'eau, ses recherches sont un élément important du puzzle, montrant que la phase gazeuse est primordiale pour la combustion idéale.

Enfin il est utile de citer les travaux de **René Hérail**. Dès 1974 il commence la mise au point d'un dispositif poursuivant le même but de vaporisation. La gouttelette est son ennemi juré. Elle ne s'évapore plus après la volatilisation des composants légers, elle absorbe de l'énergie au moment de la combustion, et produit des polluants qui sont éliminés par le pot catalytique. C'est une hérésie car on agit après la combustion au lieu d'agir avant. Les carburateurs et injecteurs ne sont pas, à son avis, les bons outils pour une bonne vaporisation.

Il propose d'utiliser le vide pour cela, ce qui est d'une logique imparable. C'est un procédé de chimie bien connu permettant de distiller un liquide, par exemple dans un alambic. René Hérail estime à cinq millièmes de secondes le temps de décomposition du carburant sous l'effet du vide, durée parfaitement compatible avec la vitesse des moteurs actuels.

Un avantage collatéral, du encore une fois à l'utilisation d'un gaz, est une combustion bien plus homogène permettant de régler le moment de l'allumage précisément, et non plus pour rechercher un compromis hasardeux entre les différentes détonations des composants.

Ce concept, magnifique, peut certainement se combiner aux deux précédents pour donner lieu à un dispositif regroupant tous leurs avantages.

Notons tout de même au passage qu'il y a un endroit où on trouve des vapeurs d'essence à ne plus savoir qu'en faire : le réservoir. Celui-ci doit pouvoir respirer, c'est à dire laisser entrer de l'air quand l'essence est consommée, et laisser échapper les vapeurs d'essence quand la pression de vapeur saturante excède la pression atmosphérique. Sinon le réservoir implose ou explose. La première idée serait de récupérer ces vapeurs par une Durit et de les amener en complément pour la carburation. La deuxième idée serait d'utiliser ces vapeurs déjà existantes en les mélangeant à de l'air humide avant de traiter le tout dans un réacteur catalytique. Affaire à suivre… dans les chapitres suivants.

Fig. 7 : Objectif : gazéifier le carburant.

1941 Le gazogène

Le fameux gaz à l'eau, on l'a vu, est idéalement composé d'oxyde de carbone et d'hydrogène. Lorsqu'il est obtenu à partir de bois, il constitue une source d'énergie renouvelable enthousiasmante car applicable aux moteurs existants.

Fioc et Legrain ont publié en 1941 un ouvrage passionnant sur les notions théoriques et pratiques de ce procédé, dont quelques extraits sont à garder en mémoire :

Page 10 :

Les constituants combustibles du gaz de gazogène, qui sont essentiellement l'oxyde de carbone CO, l'hydrogène H_2 et le méthane CH_4 ont un point d'inflammabilité spontanée relativement élevé. Dans l'oxygène pur, et à la pression atmosphérique, il est de :

650°C environ pour l'oxyde de carbone

590°C pour l'hydrogène

650 à 750°C pour le méthane

Dans les mêmes conditions, le point d'inflammabilité des autres combustibles utilisés dans les moteurs à combustion interne est de :

487°C pour l'hexane C_6H_{14} qui est un des constituants essentiels de l'essence

470°C pour l'essence de pétrole

380°C pour le pétrole lampant

350°C pour le gasoil.

Ces chiffres n'ont qu'une valeur relative, car les conditions dans lesquelles ils ont été déterminés sont très différentes de celles dans lesquelles doit en pratique s'effectuer l'allumage du mélange tonnant. On peut en conclure, néanmoins, qu'il est possible, avec le gaz de gazogène d'atteindre des taux de compression plus élevés qu'avec l'essence sans avoir à redouter le phénomène de l'auto allumage ou de la détonation.

page 15

Certains constructeurs préconisent la réalisation de moteurs à gazogène en partant non pas du moteur à essence mais du moteur diesel. Celui-ci a, en effet, un taux de compression élevé, compris entre 12 et 17, et il est de conception particulièrement robuste.

Les moteurs diesel sont à notre avis clairement plus appropriés que les moteurs essence pour l'utilisation au gaz, en raison d'un taux de compression plus adapté.

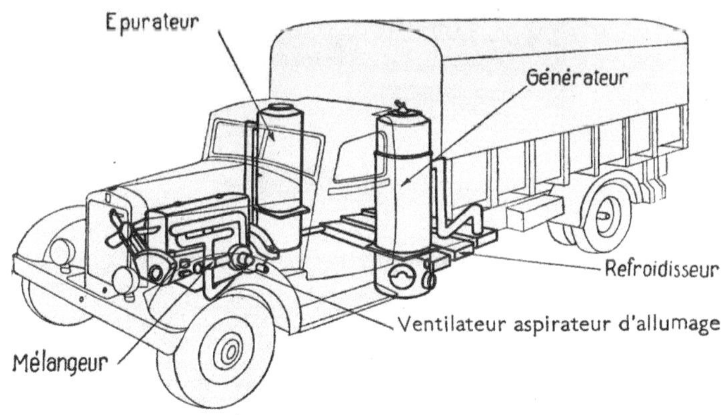

**Fig. 8 : Implantation d'un gazogène par Berliet.
(Fioc – Legrain)**

Ce gaz à l'eau est idéalement composé d'hydrogène et d'oxyde de carbone, résultat de la transformation de carbone solide et d'eau au cours de la réaction n°4 décrite au chapitre III.

$$H_2O + C \rightarrow 2H + CO$$

Cette réaction est clairement préférée aux autres étant donnée que ces deux gaz sont combustibles. On retrouve ici les idées de Weber.

**Fig. 9 : La voiture à gazogène de Gaston Lagaffe.
A la pointe du progrès dans 20 ans ?**

Il sera utile de garder à l'esprit ces données en lisant plus loin les principes du brevet Pantone. Les suies des gaz d'échappement sont tout ou partie de carbone solide et lorsqu'ils sont recombinés à de l'eau, on peut obtenir les mêmes produits que ceux obtenus avec le gazogène. Mais les gaz d'échappement sont sous pression, et il est bien difficile d'en contrôler la réutilisation avec des moyens simples et peu coûteux, à toutes les charges et tous les régimes.

Une version beaucoup plus récente de ce procédé fait partie du projet "Cyclecar" de **Philipe Rousseau** et présente une originalité digne d'intérêt. En effet, dans ce cas, le gaz est généré par le passage de vapeur d'eau dans un tube de carbone finement divisé (Carbone Lorraine) qui constitue le consommable de la réaction. Ce tube est entouré d'un enroulement résistif destiné à apporter les calories nécessaires à la réaction (et un champ magnétique ?).

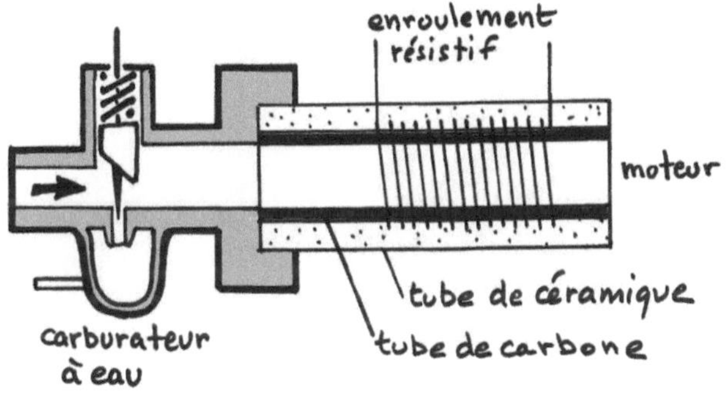

Fig. 10 : Le moteur à eau selon Rousseau.

Ce procédé est spectaculaire car on a l'impression que le moteur ne consomme que de l'eau. Bien entendu le carbone est lui aussi consommé, mais de manière beaucoup plus discrète. Il n'en reste pas moins que l'application à des véhicules très légers équipés de moteur de 2CV a beaucoup de charme.

1950 Cochez

Notre cher ami Jacques Juan, en plus d'être un inventeur génial, est un musée parlant, c'est-à-dire que non seulement il est capable de parler pendant des heures sans s'arrêter, mais en plus c'est toujours passionnant. Au détour d'un repas à Sanary sur Mer, où nous dégustons des moules locales d'une taille respectable, il m'annonce tranquillement qu'il a entendu parler d'un certain Jean Cochez qui à l'époque participait aux courses automobiles avec Talbot-Lago, au volant d'une T26 Grand Sport. Ce gars-là, me dit-il, avait breveté à l'époque un carburateur pour doper son moteur de compétition à l'eau. Le monde étant petit, Jacques a connu son fils à Sanary. Mon sang ne fait qu'un tour et je me précipite sur le Web pour en retrouver la trace.

Fig.10 : La Talbot-Lago T26 Grand Sport Coupé de 1954.

Encore une fois, quelle n'est pas ma surprise de découvrir un procédé (breveté sous le numéro CH283190A) destiné à obtenir un mélange homogène de carburant, d'air, et d'eau !

Il y a une idée qui émerge de l'étude de ces dessins : un piquage placé tout près du papillon peut, au ralenti, être soumis à une faible dépression puis passer en dépression dès l'ouverture à l'accélération. C'est une façon élégante de ne déclencher le dopage à l'eau qu'après le ralenti. Ayons une pensée pour tous les vieux moteurs à carburateur encore en service, notamment en Afrique ! On pourra peut-être faire quelque chose pour eux…

Mais revenons à ce document dont voici des passages très importants :

…On a essayé d'améliorer le rendement thermique d'un moteur à explosions en pulvérisant de l'eau dans un mélange de carburant et d'air fourni à ce moteur.

…L'application de cette idée n'a pas procuré les avantages qu'on en attendait, du fait d'un mélange insuffisant de l'eau ainsi pulvérisée, du carburant et de l'air.

…Selon le procédé objet de l'invention, on injecte le carburant et l'eau finement pulvérisés dans un courant d'air et on fait passer le mélange ainsi obtenu au travers d'un conduit dans la section de passage duquel des parties électriquement isolées font saillies, dans le but que ce mélange s'ionise par frottement sur ces parties et qu'il soit rendu homogène par répulsion mutuelle des particules chargées.

…Lors d'essais avec une voiture automobile équipée de deux carburateurs, tels que celui décrit, l'inventeur a constaté, par rapport au fonctionnement normal de cette même voiture, équipée de carburateurs de type connu, une diminution sensible de la consommation en essence et une légère augmentation de la puissance, la vitesse maximum de la voiture ayant sensiblement augmenté.

Le régime du moteur paraissait plus souple et plus agréable avec les carburateurs du type décrit et le moteur chauffait moins, la température de l'eau du radiateur étant de 70°C au lieu de 80°C avec les carburateurs d'origine.

Des essais prolongés, au cours desquels le moteur a été fréquemment démonté, ont démontré que l'eau pulvérisée dans le mélange n'avait aucune action nuisible sur ce moteur et en particulier sur ses soupapes, pistons, culasse et autres parties intérieures des cylindres.

Le plus intéressant est presque le dernier paragraphe, qui montre que l'eau n'est absolument pas nocive pour les moteurs !

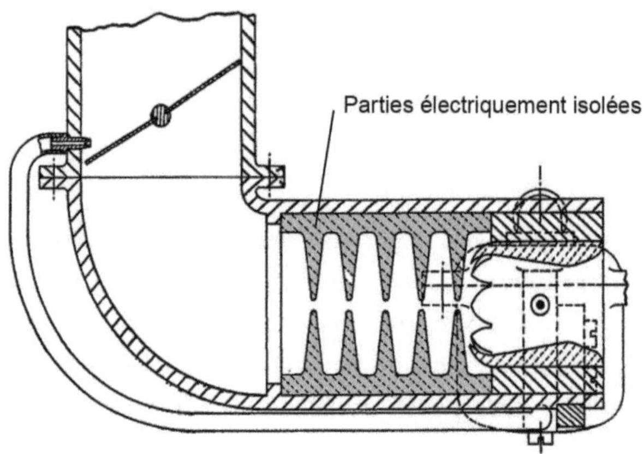

Fig. 11 : Figure 1 du brevet de Cochez.

Dans le même style, citons le procédé VIX, inventé (ré-inventé) dans les années 70 par M. Richard au Bourget du Lac, qui permet d'injecter après le carburateur de moteur à essence une infime quantité d'eau, qui donne une baisse de calamine, de pollution et 30 % d'économies.

Pratt et Whitney

Jacques ayant été mécanicien sur moteur Pratt & Whitney R2800 de Douglas DC6, il me raconte qu'à l'époque l'injection d'eau additionnée de méthanol était un "classique". Quelle n'est pas ma surprise lorsqu'il exhume devant moi le deuxième tome du manuel d'utilisation de cet avion, qu'il avait gardé en souvenir de son passage à Djibouti !

Fig. 12 : Pratt et Whitney R2800, dont les versions les plus puissantes atteignaient 2800 ch.

Voici un extrait de la table des matières. Malheureusement, l'injection d'eau est décrite dans le premier tome.

LINE MAINTENANCE MANUAL
Douglas DC6B

Fig. 14. Table des matières du manuel du DC6

Le Pratt & Whitney R-2800 "Double Wasp" fut un moteur célèbre de la seconde guerre mondiale, et un membre de la longue lignée des "Wasp". C'était un moteur radial refroidi par air à deux rangées de 9 cylindres, soit 18 au total. Sa cylindrée était de 46 litres, avec un alésage de 5,75 pouces et une course de 6 pouces. Il était facilement identifiable vu de face en raison des deux magnétos jumelles, chacune décalée d'un côté au-dessus du carter de réducteur. Le R2800 est devenu légendaire pour avoir été utilisé sur des avions mythiques comme le F4U Corsair de Pappy Boyington, le P47 Thunderbolt, et le Grumann F6F Hellcat. Durant la guerre, Pratt & Whitney n'a cessé de l'améliorer en y apportant de nouvelles idées, comme l'injection d'eau, destinée à donner en urgence de la puissance supplémentaire lors des combats. Sur les premières versions, la quantité d'eau était contrôlée manuellement, mais elle devint par la suite automatique lorsque la manette des gaz était poussée jusque dans ses derniers 2 cm. Les canalisations étaient directement raccordées à un injecteur d'une vingtaine de centimètres en plein milieu de l'énorme carburateur, nous a expliqué Jacques. Les indices d'octane obtenus atteignaient 130. Ce moteur est encore utilisé sur les bombardiers d'eau Canadair CL215, et les warbirds de collection, faisant la preuve de sa robustesse, de sa fiabilité, et de sa longévité.

Fig. 15. Vought F4U-5NL Corsair.

1974 - 1975 Chambrin

La demande de brevet d'invention n° 74 04473 faite par Jean Chambrin, 9, rue du Renard à 76000 Rouen, le 11 février 1974, comporte une unique revendication reproduite ci après.

Dispositif d'aménagement d'un moteur à combustion en vue de son alimentation avec un carburant additionné d'eau, en particulier à base d'alcool, dispositif du genre comportant un échangeur de préchauffage du mélange carburé, caractérisé par la mise en oeuvre, en vue de l'utilisation avec un mélange aqueux d'alcool titrant au moins 50° alcooliques, d'un échangeur du type Seguin comportant une partie centrale traversée par les gaz d'échappement et entourée de corps tubulaires coaxiaux comportant des perforations en combinaison avec au moins une résistance électrique de préchauffage et avec un moyen d'ionisation positive du mélange ainsi préchauffé.

Un peu plus haut il est précisé que :

Cette chaudière permet de cracker les molécules de carburant mélangées à l'eau, grâce à un fort potentiel positif dont la fréquence varie entre 2 Hz et 2 MHz, fourni par un oscillateur de faible puissance, alimenté par la batterie, afin de créer une zone polarisée et d'accélérer l'introduction desdites molécules dans les chambres de combustion.

La demande d'addition n°74 39 457 du 3 décembre 1974 apporte des indications fort intéressantes dont voici des extraits.

Une électrode métallique 25 traverse également de façon étanche la masse isolante 23, et porte à son extrémité externe 25a une borne pour la liaison avec une source de potentiel positif (non représentée) supérieur à 12 KV. Cette source de potentiel peut être commodément constituée par un oscillateur électronique débitant dans le primaire d'un transformateur élévateur de tension, un redresseur étant disposé au secondaire de ce transformateur de façon à redresser la tension secondaire et fournir ainsi le potentiel positif voulu.

...

3. Dispositif selon la revendication 1 ou 2, caractérisé en ce que la tubulure est équipée d'au moins un moyen électrique comprenant une résistance chauffante 24 parcourue par un courant à la mise en train du moteur, et une électrode 25 isolée portée à un potentiel positif d'au moins 12 KV.

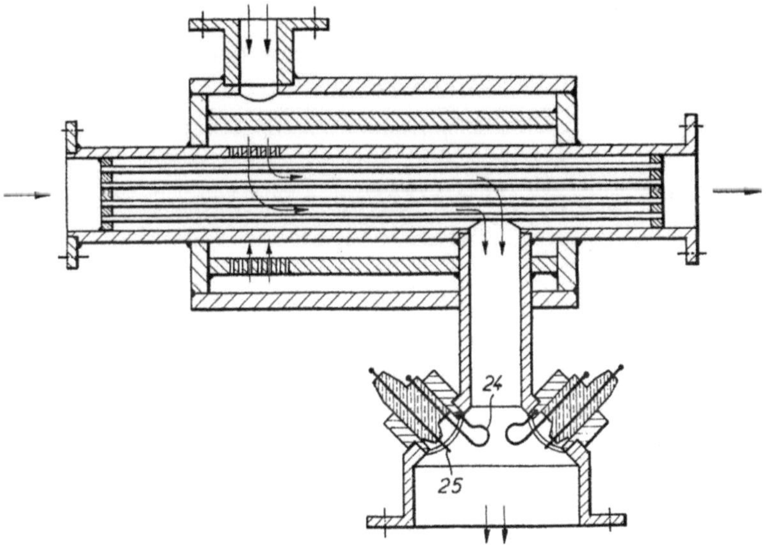

Fig. 15 : Principe du brevet de Chambrin.
Les gaz d'échappement vont de gauche à droite.
L'alimentation du moteur va de haut en bas.

41

La demande de brevet d'invention n° 75 06619 faite par Chambrin, le 25 février 1975 comporte en première page le résumé suivant :

Appareil et combinaison de moyens permettant le conditionnement d'un mélange d'eau et de carburant, et, à la limite, d'eau pure, en provoquant une réaction thermochimique génératrice de production d'hydrogène et d'un état plasmatique de la matière pour utilisation dans un moteur thermique ou dans un système de chauffage.

Voici quelques extraits du brevet qui démontrent sans équivoque le degré de maturité du projet de Chambrin en 1975, Le premier extrait fait suite à la liste des inconvénients de la production d'hydrogène non embarquée :

Le dispositif suivant l'invention permet d'éviter ces inconvénients (dépense d'énergie préalable, stockage, transport et manipulation évoqués précédemment) puisqu'il consiste à obtenir rapidement et directement la décomposition THERMOCHIMIQUE DE L'EAU, AU FUR ET A MESURE de son utilisation.

...

L'appareil est essentiellement un ECHANGEUR THERMIQUE à HAUTE TEMPERATURE, du type STATIQUE, ayant pour effet de provoquer, à partir d'un certain régime thermique, une décomposition THERMOCHIMIQUE partielle ou totale du mélange introduit ou de ses composants, conduisant à un ETAT PLASMATIQUE DE LA MATIERE avec production d'hydrogène.

...

... il y a intérêt à ce qu'il (le moteur) présente un TAUX DE COMPRESSION de l'ordre de 11 à 12 ...

...

Le mélange froid, pulvérisé et diffusé dans la tubulure aboutissant dans la zone moins chaude, se réchauffe progressivement, en mouvement tournant, au contact des parois des enveloppes périphériques, avant de pénétrer dans le noyau central où il est porté à une TEMPERATURE MAXIMALE lors de son introduction dans le collecteur d'admission du moteur par la tubulure située dans la zone très chaude, et faisant communiquer le noyau central avec le moteur suivant le trajet le plus court possible.

...

Un canal débouche directement dans la tubulure ou au voisinage de celle-ci ; il est destiné à canaliser de l'air, préalablement réchauffé au maximum, au niveau du mélange conditionné et au sein de la réaction thermochimique interne. L'oxygène ainsi introduit joue le rôle de réactif.

...

LE SENS D'ECOULEMENT DU MELANGE DOIT IMPERATIVEMENT ETRE CELUI QUI CORRESPOND AU SENS DE ROTATION DU MOTEUR, de manière à éviter l'influence de champs magnétiques antagonistes susceptibles de freiner l'écoulement du mélange dans son mouvement tourbillonnaire.

...

Un moyen d'ionisation du mélange introduit doit être envisagé si le bloc moteur est isolé du sol, il peut être réalisé à l'aide d'un oscillateur électronique indépendant de l'appareil.

...

Par suite de la dépression interne et du mouvement tourbillon-

naire du fluide, l'intérieur de l'appareil est le siège d'un "champ magnétique". Un moyen d'accélération du mélange consiste à doter l'appareil d'enroulements électriques ayant pour effet d'engendrer un flux magnétique de même sens que celui d'écoulement du fluide.

La lecture de ces fragments est éloquente. Dès 1975, Chambrin a clairement fait le tour de la question, avec son angle de vue propre.

Dans L'automobile n° 338 de juillet 1974, sont interviewés Chambrin et son associé Jojon. En voici des extraits.

Question : Mais ce moteur marche comment, par rapport un moteur classique ?

Réponse : Jack Jojon écrase sa cigarette : "c'est très facile". Il y a deux parties dans ce moteur. L'une est mécanique, l'autre électronique. La partie mécanique c'est une chambre de cracking du type marmite de Séguin. La partie électronique, la deuxième, et celle dans laquelle on envoie une très haute tension, plusieurs kilovolts sous quelques pico-ampères et sous haute fréquence. Le principe est celui-ci : vous savez que l'eau se "cracke", se transforme en oxygène et hydrogène vers 2000 à 2300°C. Il faut donc abaisser cette température à l'aide d'éléments soit physiques, c'est le cas du choix que nous avons fait, soit chimiques, c'est le cas du système employé dans les futurs réacteurs à très haute température, ou à l'aide de quatre à cinq réactions à 730°C ou à 1050°C on provoquera le cracking de l'eau, pour récupérer l'hydrogène et l'oxygène.

Chambrin et moi nous avons pris le contre-pied de cette difficulté. En gros, nous avons tenu le raisonnement suivant : nous pouvons facilement obtenir à peu près 700 à 800°. À partir de ce moment-là nous devons trouver une solution simple, peu coûteuse, qui nous permet d'entretenir cette température et ensuite de cracker l'eau. Vous vous en doutez, nous avons procédé par étapes. Tout de suite nous avons pensé à l'alcool. Simplement parce que celui-ci est très miscible à l'eau et que nous rencontrions déjà assez de problèmes sans envisager un barbotin ou d'autres solutions aussi complexes. Nous avons donc un produit, un mélange si vous préférez, qui pénètre dans la pipe d'admission à 750°C, qui rencontre ensuite une barrière de potentiels, moment à partir duquel se produit le phénomène de séparation qui fait tourner le moteur. Quand je parle de barrière de potentiels je veux dire que nous sommes en présence de trois éléments précis. Premièrement d'une fréquence en quelque sorte hachée par la lumière. Deuxièmement d'une haute fréquence qui a pour but de cracker la molécule (la haute tension). Troisièmement, d'une fréquence relativement basse dont le but est de délimiter la zone où le débit. (il manque à l'évidence un mot à la fin de la phrase)

Fig. 16 : Chambrin et Jojon.

L'article de France Soir écrit par Michel Le Paire à l'époque mérite également notre attention car un des paragraphes laisse entendre que les deux compères avaient pour projet un fonctionnement 100% à l'eau, ce qui est très étonnant et doit être considéré avec une certaine prudence, pour enthousiasmante que soit cette perspective :

...

Le principe de fonctionnement se cache dans une boîte en tôle d'acier de 20 cm sur 10 située entre le carburateur et le collecteur d'admission. une boîte qui a déjà absorbé des mélanges autrement troublants que 60% d'eau et 40% d'alcool.

"Le moteur a tourné avec 90% d'eau et 10% d'alcool et même à l'eau pure", affirme M. Chambrin.

Enfin, et pour notre culture générale, rappelons que Marc Seguin est célèbre pour l'invention en 1827 de la chaudière tubulaire à vapeur ou chaudière à tubes de fumée qui équipa la locomotive de la première ligne de chemin de fer française entre Saint Etienne et Lyon. Son invention est d'envergure internationale car elle a été largement reprise par Georges Stephenson pour gagner le concours de vitesse avec "The Rocket" en 1829. Il fut le déclencheur historique de l'utilisation de la vapeur en tant que puissance motrice.

Après avoir construit différents types de moteurs, ses petits enfants les frères Louis, Laurent et Augustin Seguin se lancent dès 1907 dans un projet de moteur rotatif d'aviation, l'Omega, doté de 7 cylindres en étoile. Quinze mois plus tard, le moteur pour aéroplane Gnôme Omega est enfin prêt. La société des Moteurs

Gnome devient en 1915 la société Gnome & Rhône, après l'absorption de la société Le Rhône de Louis Verdet, au moment même où Clerget sort son moteur 9B de 130 ch. Elle est nationalisée et rebaptisée Snecma en 1945. Quelle époque.

Fig. 17 : Marc Seguin.

Alcool ou eau ?

Ce n'est pas tout à fait le sujet de prime abord, mais dans un livre intitulé "Alcool Carburant, Production et utilisation par l'amateur" écrit par Larry W. Carley (traduit en 1983 par M. Frey), on trouve notamment la description de système d'injection d'eau et d'alcool dans les moteurs diesel et essence. Nous y reviendrons plus tard car dans le chapitre sur les carburants à base d'alcool, on relève tout d'abord ces paragraphes page 180 :

Comme indiqué plus haut les carburants à l'alcool n'ont pas besoin d'être totalement exempts d'eau. Jusqu'à 10% d'eau dans le carburant donne un effet bénéfique au point de vue puissance globale et rendement du carburant. L'eau accroît la puissance lorsqu'elle est convertie en vapeur.

Les températures de combustion transforment les gouttelettes d'eau en vapeur. Ce qui augmente la pression déjà créée dans les cylindres et donne une légère poussée supplémentaire sur les pistons. Mais, et c'est plus important, la vaporisation de l'eau consomme de la chaleur - environ 1100 calories par gramme - à un moment critique. Au lieu d'obtenir une forte pointe de température suivie d'une retombée brusque, la combustion est plus progressive. Ce qui augmente en fait la durée de la combustion, et permet d'obtenir une pression globale plus grande, et donc plus puissante.

Cet angle de vue est intéressant en soi car il plaide pour l'injection d'eau simple avec des arguments purement thermodynamiques. Il faut retenir que si des gouttelettes d'eau parviennent jusqu'à la chambre de combustion l'auteur affirme en gros que "ça se passe mieux". Cette affirmation est corroborée par de nombreux témoignages qui décrivent un meilleur fonctionnement d'un moteur quelconque par temps de pluie, et mieux encore, par temps de brouillard.

Les Techniques de l'Ingénieur, encyclopédie bien connue des spécialistes et des généralistes, est la bible qui regroupe le savoir "officiel" des scientifiques et ingénieurs, utilisé au quotidien par les équipes de recherche et développement les plus prestigieuses. On y trouve, entre autres, dans l'édition consacrée aux machines, une collection de moteurs exotiques, du plus simple des Stirling aux concepts les plus complexes.

Dans cet ouvrage, on trouve au chapitre "Réduction des émissions de polluants" (B 2700 - 30) un paragraphe 9.14 consacré à l'injection d'eau (traité Mécanique et Chaleur).

Il est dit en substance que "L'injection d'eau dans l'air admis par le moteur permet d'abaisser les températures de combustion et de réduire les concentrations en oxygène par une dilution à la vapeur d'eau.".

Par ailleurs il est précisé qu'on obtient une réduction importante des émissions de NOx, et que les quantités d'eau introduites peuvent représenter 50% de masse de fioul injecté.

Il est clairement précisé que son emploi est **très rarement observé** en raison d'un certain nombre de contraintes liées à l'utilisation, comme par exemple les **risques d'erreur de remplissage** entre le réservoir d'eau et celui de combustible, "malgré son avantage sur le compromis entre les émissions et la consommation."

Mais revenons aux systèmes d'injection. Dans l'ouvrage "Alcool Carburant" il est bien expliqué que pour un moteur diesel, l'alcool pur n'est pas un carburant envisageable car il ne s'enflamme pas spontanément.

Un diesel fonctionne de la façon suivante : de l'air aspiré à travers le collecteur d'admission (il n'y a pas de carburateur) est envoyé dans les cylindres. Lorsque les pistons approchent du point mort haut, les forces de compression rendent l'air extrêmement chaud - assez chaud pour enflammer tout carburant qui entrerait en contact avec lui. A ce moment précis l'injecteur pulvérise un fin brouillard de carburant directement dans le cylindre. Il rencontre de l'air brûlant et s'enflamme instantanément.*

* Dont la température d'inflammation spontanée est suffisamment basse, comme le gasoil. On parle d'indice de cétane pour caractériser l'aptitude d'un carburant à brûler sous l'effet de la compression. L'alcool a un haut indice de cétane, ce qui veut dire qu'il ne s'enflamme pas spontanément, bien qu'il soit plus volatile que le gasoil.

Par la suite l'auteur décrit des systèmes simples d'injection d'alcool dans l'air d'admission d'un moteur essence à carburateur et dans un moteur diesel. Dans ce dernier cas, il est notamment décrit un réservoir d'eau/alcool pressurisé par le turbo. Une simple recherche sur Internet montre l'existence de tels kits actuellement en vente.

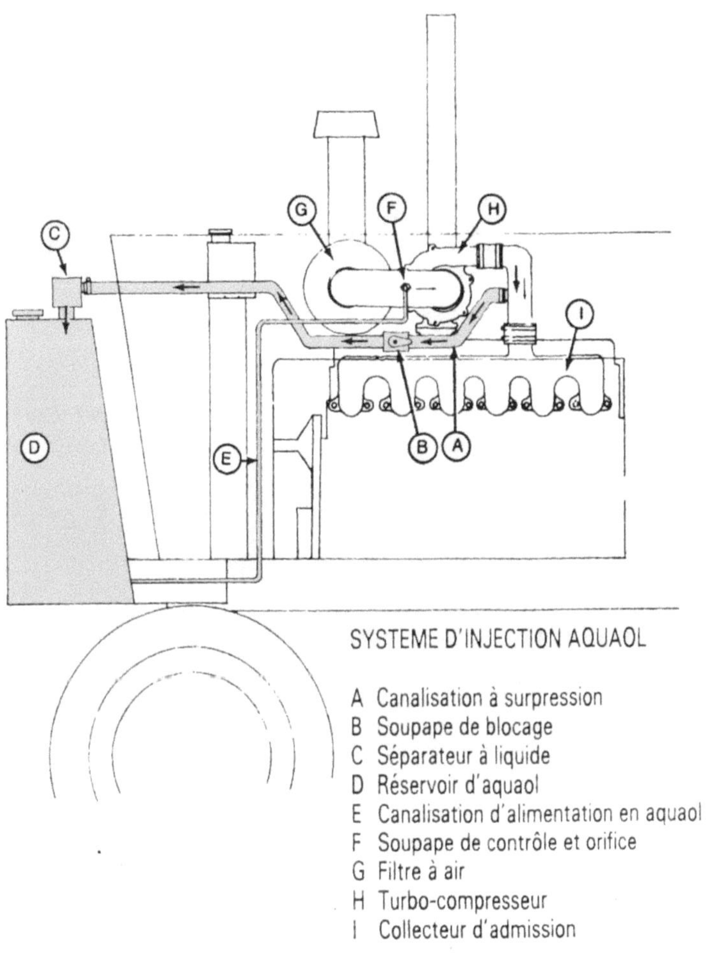

**Fig. 18 : Système d'injection eau/alcool pour moteurs diesel.
(Fig 12-6 page 196)**

Continuons notre lecture :

Page 184

Injection de vapeur.

L'alcool peut être utilisé comme carburant additionnel dans un moteur à bougies d'allumage alimenté à l'essence. Un ajutage pulvérise finement un brouillard d'alcool dans le haut du filtre à air, directement au-dessus du venturi du carburateur.

...

Au lieu de l'alcool à 95 à 100° qui est nécessaire pour faire du gasool (mélange alcool / essence) on peut utiliser des alcools carburants contenant jusqu'à 20% d'eau.

...

page 218

Système d'injection eau / alcool pour diesels.

...

L'injection d'un mélange d'eau et d'alcool dans le flux d'air aspiré par un moteur diesel en charge accroît la puissance délivrée, réduit les températures d'admission et d'échappement et prolonge la vie du moteur. La simple réduction de la consommation de gazole seule** rend déjà intéressant l'emploi d'un tel système.*

...

* à 50/50
** 30%

Tout cela ne vous rappelle pas ce que disait Clerget ?

Fig. 19 : Un peu d'eau, mais pas trop.

1990 Meyer

Impossible de passer le brevet US 4,936,961 de Stanley Meyer sous silence. Son électrolyse à résonance est une légende à elle toute seule.

L'électrolyse de l'eau est un procédé archi connu pour produire de l'hydrogène et de l'oxygène. Malheureusement son rendement est inférieur à 1. Cela veut dire que si vous disposez de 1 kilowatt d'électricité, vous récupérez moins de 1 kilowatt d'énergie potentielle après une dissociation par électrolyse. Si vous disposez d'électricité, il vaut mieux chercher à actionner un moteur électrique plutôt que de convertir de l'eau en hydrogène, pour ensuite le faire brûler dans un moteur.
Le phénomène de résonance permet d'amplifier la réponse d'un système à une excitation périodique en ajustant la fréquence d'excitation à la fréquence de résonance. On le fait instinctivement en poussant un enfant sur une balançoire. Si on le pousse à la bonne fréquence, la balançoire va s'élever de plus en plus haut. La physique classique dit, en gros, que la résonance va permettre d'amener le rendement à son maximum, mais que jamais on ne dépassera 1. Cela s'applique à l'électrolyse de l'eau. En utilisant la résonance, on augmentera le rendement, mais sans jamais dépasser 1.
Stanley Meyer prétend le contraire. Dans son brevet, il explique qu'on peut en utilisant le phénomène de résonance, briser des molécules d'eau avec une très faible puissance, de manière à récolter une énergie potentielle sous forme d'hydrogène très supérieure à l'énergie électrique de départ.
Faisons abstraction de la physique "classique", si ça veut dire

quelque chose, et observons le diagramme de Meyer :

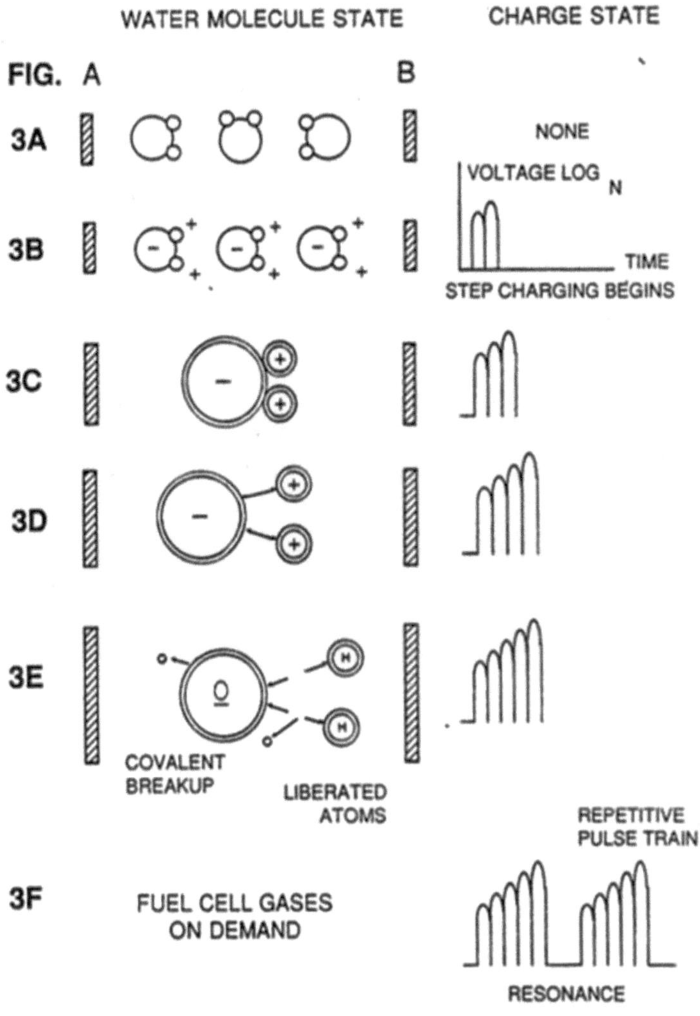

Fig. 20 : La dissociation à résonance.

Meyer distingue plusieurs étapes. En 3A il ne se passe rien, aucune tension aux bornes A et B. En 3B les deux premières impulsions vont orienter les molécules d'eau, qui sont de petits aimants, grâce à la création d'un champ électrique entre les électrodes. En 3C, l'impulsion suivante, qui est la troisième, commence à "étirer" la molécule. Elle est censée répondre par résonance à cette excitation. En 3D, la quatrième impulsion, comme pour une balançoire, amplifie cet étirement. La fréquence est toujours la même mais on observe que l'amplitude augmente sur les dessins de droite, dans la colonne "charge state". Enfin en 3E la dernière impulsion finit par briser la molécule d'eau en détachant carrément les deux atomes d'hydrogène de l'atome d'oxygène, en brisant la liaison "covalente" des atomes. Ce terme barbare de chimie désigne le mode d'assemblage des atomes dans une molécule, fondé sur le partage d'un électron entre eux.

Voilà, il ne reste plus qu'à recommencer le même "train d'impulsions", pour casser d'autres molécules.

Sur le papier, pas de problèmes. Mais de là à reproduire ce prétendu phénomène en laboratoire, il y a un grand pas. Ce que nous en savons c'est que beaucoup d'expérimentateurs s'y sont cassé les dents, y compris sur les plans gratuits de circuits électroniques qu'on trouve sur la toile. Il semble très compliqué de rouler seulement à l'eau. La tentative d'Utopia Technology d'en faire un produit de série ne donne toujours rien à notre connaissance et toutes les hypothèses sont permises. Les réglages sont peut-être si fins que leur dérive empêche la stabilité d'un produit grand public ? Peut-être que, tout simplement, ça ne marche pas. Si cela fonctionne vraiment, cela finira par émerger. De notre côté, nous n'avons en toute franchise pas la réponse, et aujourd'hui Utopia parle plutôt "d'assistance à la combustion par l'hydrogène".

Cette assistance, on la trouve par exemple sur Internet sous une dénomination bien connue des internautes, la fameuse "Joe Cell", extrêmement controversée en raison d'affirmations dérangeantes de l'auteur. C'est apparemment une simple cellule d'électrolyse alimentée par l'alternateur pour ajouter un mélange d'hydrogène et d'oxygène au moteur. Tout se complique quand on apprend le gaz produit implose au lieu d'exploser, nécessitant de décaler l'allumage de 80 degrés, que le moteur continue de fonctionner sans essence, et que la "qualité" des personnes présentes influe sur le fonctionnement. Là encore, difficile à vérifier.

On commence à trouver des électrolyseurs plus "classiques" pour automobiles en vente sur Internet en cherchant avec les mots clefs "cell" et "HHO". D'un point de vue thermodynamique, c'est catastrophique car l'énergie mécanique du départ passe par l'atténuation des différents rendements de la chaîne : alternateur (80%), électrolyse (70%), moteur (30%)… pertes irrécupérables, envolées sous forme de chaleur ! Sur 100 watts prélevés au moteur, on en récupère 100 x 80% x 70% x 30% = 16,8 watts, soit en gros six fois moins. Pourtant on trouve des témoignages très élogieux décrivant des gains substantiels au niveau de la consommation. Que penser ?

Examinons une hypothèse. Si la présence d'hydrogène au moment de la combustion permet, comme avec un catalyseur, d'en accroître suffisamment le rendement pour compenser ces pertes et même les dépasser, alors le gain global pourrait être favorable.

1991 Markou et Pattas

Le brevet US 4,991,395 de Markou et al. ("et al." est un acronyme qui signifie "et alii", locution latine qui signifie elle même "et les autres") comporte le résumé suivant :

Dispositif permettant de nettoyer les gaz d'échappement d'un moteur à combustion, destiné à alimenter ou recouvrir les chambres de combustion d'un moteur à combustion interne, utilisant un alliage contenant des terres rares et plus particulièrement du cérium, comprenant une alimentation d'eau contenant des gaz chauds, par exemple les gaz d'échappement du moteur. La conduite de gaz chaud communique avec la pipe d'admission d'air, et comporte un élément catalytique à travers lequel le gaz passe, qui contient un corps en alliage incluant les terres rares.

Ce brevet concerne les moteurs essence et diesel. Il décrit notamment la décomposition d'eau en hydrogène et oxygène en présence de cérium, qui en est le catalyseur. La figure 3 montre sans ambiguïté un **"bulleur"** pour générer de l'air humide.

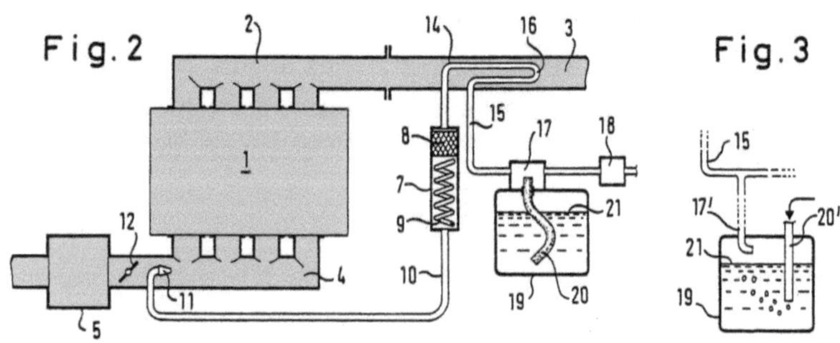

Fig. 21 : utilisation de l'eau pour dépolluer.

1998 Pantone

Ne pouvant reproduire en détail les plans achetés à Paul Pantone en 2003, qui ne sont en réalité que quelques croquis très succincts, je me borne à résumer les informations générales qu'il m'a communiquées de vive voix en anglais pour décrire son système. L'abréviation GFP (GEET Fuel Processor) désigne son invention, le fameux système Pantone, comme on dit en France. L'abréviation GEET veut dire "Global Environmental Energy Technology".

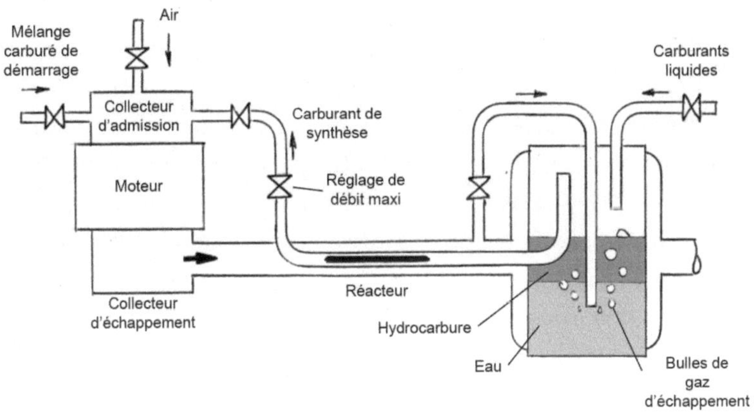

Fig. 22 : Schéma initial, sans air primaire.

Tout d'abord le GFP est un système de carburation complet pour moteur essence à allumage commandé, venant en substitution d'un carburateur ou d'un système d'injection. C'est donc une modification très substantielle, et pas seulement un système additif.

Paul Pantone m'explique que le GFP est à la fois une raffinerie à carburant, un générateur de plasma, et un système d'alimentation carburant. Le GFP est capable d'augmenter de façon notable le rendement d'un moteur à combustion interne, tout en diminuant la pollution émise. Le GFP est aussi capable d'utiliser divers carburants que le moteur ne tolérerait pas en temps normal.

Le GFP fonctionne sur le principe de courants opposés d'air froid et d'air chaud, à basse pression. En faisant passer la vapeur de carburant au milieu de l'échappement, en sens opposé à celui-ci, ce phénomène est recréé. La tige de réaction dans le GFP agit comme une terre artificielle. Cette tige, tout comme le tube ne doit pas être en inox, qui n'a pas de propriétés ferro magnétiques. Comme les masses gazeuses sont très proches l'une de l'autre, les frictions engendrent la formation de charges électriques et le gaz entourant ces charges devient ionisé. Le plasma, luminescent, produit une transmutation sur tout carburant dans cette chambre de réaction, produisant un "nouveau" carburant plus propre, plus simple, que Pantone a baptisé "carburant GEET". Avec le GFP, les carburants fossiles ne sont plus aussi polluants et nocifs qu'avant, et le terme de "carburant utilisable" prend un nouveau sens, plus complet et exhaustif.

Un premier commentaire est que, à ce stade, il est simplement décrit la formation du gaz de synthèse, à l'état ionisé.

Pantone poursuit son exposé en m'expliquant que le réacteur GFP utilise un carburant gazeux, par opposition à un carburant liquide. Il faut donc utiliser un moyen de convertir le liquide en vapeur, via un changement de phase. Plus la vapeur est sèche, mieux c'est. Un bulleur ou même un carburateur modifié peuvent délivrer un aérosol suffisant pour la chambre de réaction, aérosol composé de petites gouttelettes mélangées avec de l'air. Plus le carburant est lourd, plus il est difficile de le vaporiser. Le bulleur est le moyen qui a donné les meilleurs résultats dans l'utilisation des carburants les plus lourds et les plus diversifiés, mais semble aussi le plus efficace pour la vaporisation elle-même. Pour son fonctionnement permanent, le bulleur devra disposer d'un système à flotteur permettant de réguler le niveau de carburant.

C'est le tuyau au milieu de l'échappement qui utilise un transfert thermique ou une réaction due au plasma pour décomposer le carburant en une forme plus simple et plus propre avant d'alimenter le moteur. Le phénomène naturel de la collision entre une masse d'air froid et une masse d'air chaud est simulé. Cette collision à basse pression aide à créer la réaction souhaitée dans le GFP.

C'est tout à fait logique, la conductivité d'un gaz est proportionnelle à l'inverse de la racine carrée de la pression.

Enfin Paul Pantone précise que le nouveau carburant provenant de la chambre de réaction doit être correctement mélangé avec un air frais additionnel de carburation lorsqu'il est introduit dans le moteur. C'est le rôle de la vanne de régulation. Cela peut être aussi simple que l'utilisation de deux vannes à boisseau sphérique ou aussi compliqué que les plans qu'il fournit, ou même aussi compliqué qu'on veut (en y ajoutant de l'électronique et des vannes motorisées). Les trois débits à contrôler en même temps sont le gaz GEET, l'air de carburation, et l'air entrant dans le bulleur.

Ce contrôle doit être possible à toutes les couples et tous les régimes du moteur.

Ce dernier paragraphe comporte une analogie formelle avec le Catalex, dans l'adjonction, après réaction, d'air frais, en plus de l'air primaire. Mais il n'y a pas d'air primaire dans le brevet initial de Pantone. C'est dans les plans vendus et dans la version publique pour moteur de tondeuse que cet air primaire a été introduit. Dans certaines versions des schémas, les gaz d'échappement ne sont même plus réutilisés.

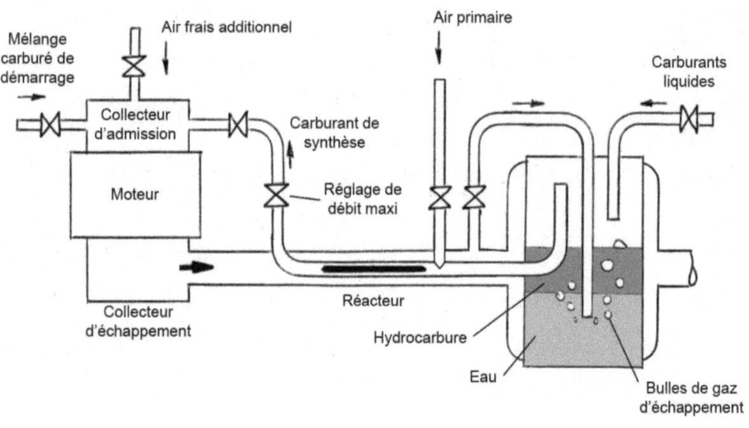

Fig. 23 : La version pour tondeuse, avec air primaire.

Stabiliser un moteur de tondeuse avec cette configuration a été possible pour de très nombreux expérimentateurs. La consommation d'eau est environ quatre fois supérieure à la consommation d'hydrocarbure.

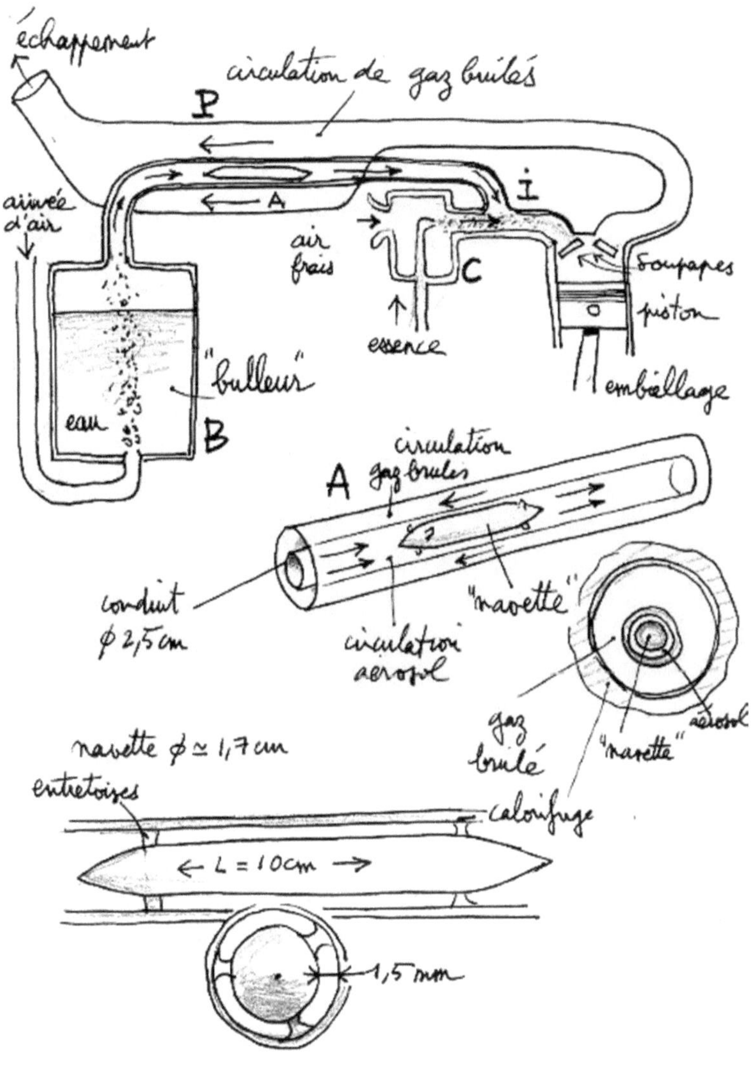

Fig. 24 : L'interprétation du brevet Pantone proposée par Jean-Pierre Petit.

Au regard de ce que nous avons vu avant, l'originalité du brevet de Paul Pantone en prend un coup. Cela dit, s'il n'avait pas publié les plans d'un montage simple pour petits moteurs de tondeuses à gazon (diffusé en France par Jean-Louis Naudin), nous n'en serions pas là aujourd'hui. Il faut lui rendre hommage car il a su créer un courant de sympathie et de curiosité ayant pour résultat nombre de réalisations concrètes. Son approche a aussi ceci de remarquable que le plasma dont il est question est prétendument "auto-généré" par l'écoulement à l'intérieur du réacteur. Il ne donne cependant, à notre connaissance, aucune explication à cette affirmation autre que celle des frottements. S'agit-il d'une simple ionisation comme dans le brevet de Cochez, ou bien d'un plasma beaucoup plus conséquent ? Nous allons nous remémorer dans le chapitre suivant l'analyse de Jean-Pierre Petit, spécialiste des plasmas et de la cinétique des gaz.

David Pantone, le fils de Paul Pantone, nous avait contactés pour nous informer que son père était détenu dans une institution mi-hôpital mi-prison, et qu'il avait bien du mal à en sortir. Il a été libéré en mai 2009 et propose depuis des formations sur son procédé.

La catalyse électrodynamique

A Londres, en marge d'un colloque de mathématiques à Impérial College, Jean-Pierre Petit me ré expose son idée de catalyse électrodynamique après un repas surréaliste avec quatorze scientifiques, tout en anglais, oeuf corse.

L'air qui monte subit une détente adiabatique (c'est à dire sans échange de chaleur), si la température est en dessous du point de rosée, il y a condensation de micro gouttelettes. Lorsque ces gouttelettes redescendent elles se re vaporisent en vapeur d'eau, (qui est un gaz incolore et inodore, au passage). C'est ce qui se produit dans un nuage lenticulaire, apparemment immobile, dans lequel de puissants courants d'air ondulent en changeant d'altitude, en suivant le relief. La vapeur se condense au-dessus d'une certaine altitude puis se re vaporise en redescendant, en suivant l'ondulation.

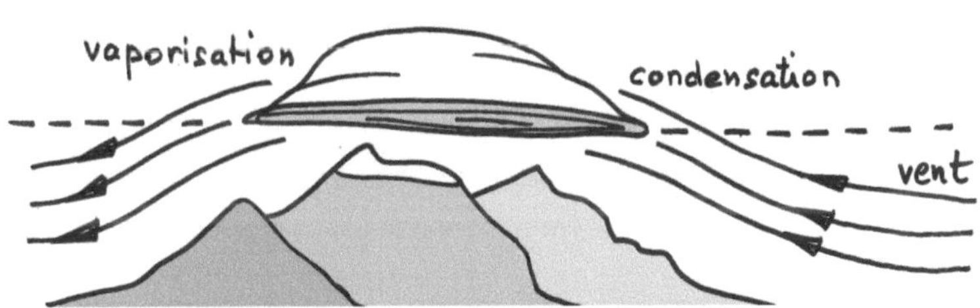

Fig. 25 : Nuage lenticulaire.

Dans un nuage standard, de grosses gouttes se forment et se mettent à descendre sous l'effet de la gravité, alors, en croisant l'air chaud, se produit une électrisation qui donne lieu à une forte accumulation de charges électriques.

Il y a déjà quelques années, lorsque nous avons commencé nos essais, j'avais traîné Jean-Pierre à Mérindol pour lui montrer ce que nous faisions. Je n'avais pas eu trop de mal à le convaincre car hormis la courte distance depuis chez lui, la perspective de se confronter à un nouveau problème l'enthousiasmait.
Après avoir vu de ses yeux et analysé les données disponibles, il a commencé à réfléchir au sujet. Voici ce qu'il a écrit à cette époque, en novembre 2004 :

Ces circulations contraires entraînent une séparation des charges électriques, génératrice de très forts champs électriques. Dans un nuage le claquage se produit, lit-on, lorsque le champ se situe entre 100.000 volts par mètre et un méga volt par mètre. Le nuage d'orage se transforme donc en condensateur dynamique. La séparation des charges est entretenue par le mouvement ascendant. La seule façon de "décharger ce condensateur" est de le mettre à la masse, c'est à dire "à la terre". Pour ce faire il faut une ligne conductrice et celle-ci se constituent sous forme d'arc électrique. C'est la foudre. Il y a claquage, disruption, création d'un mince canal très fortement ionisé, chauffé par effet Joule. Ce chauffage est si intense que la dilatation brusque dudit canal donne naissance à une onde de choc qu'on appelle le tonnerre. Il y a la foudre visible, extérieure au nuage, mais l'ensemble du nuage-condensateur est parcouru par des minis-arcs qui s'efforcent de rétablir sa neutralité électrique, partiellement, puisqu'un même nuage peut fonctionner à plusieurs reprises. Ajoutons, d'après ce que nous avons lu, que le mode de fonctionnement d'un nuage d'orage, dont la partie supérieure, montant jusqu'à 8000 mètres atteint la stratosphère, semble à la fois fort complexe et imparfaitement connue. Peu importe : Le mouvement ascendant de l'air humide recharge le condensateur, etc. C'est un condensateur multi-coups, qui s'arrête de fonctionner lorsque le mouvement ascendant de l'air s'atténue.

Je me demande si ce "réacteur Pantone" ne fonctionne pas sur le schéma, avec électrisation de cette brume d'air et de gouttelettes d'eau envoyée en aval du carburateur. Si c'était le cas, le champ électrique créé aurait un effet très efficace sur la combustion, en jouant un rôle de catalyseur. Cela expliquerait la baisse très sensible de pollution. Normal : on brûle plus de carburant.

Selon moi (mais je peux me tromper) la remarquable efficacité du "moteur Pantone" viendrait du fait qu'il mettrait en oeuvre une catalyse électrodynamique extrêmement astucieuse. On pourrait l'appeler de manière plus adéquate :

Système à catalyse électrodynamique.

Revenons sur le problème de la catalyse. Celle-ci peut être d'une efficacité surprenante. Je me suis chauffé à Aix pendant des années avec de simples bouteilles de gaz, celui-ci étant brûlé sur un catalyseur, en forme de plaque. L'efficacité de la combustion, donnant du gaz carbonique CO_2 et de la vapeur d'eau H_2O, devait être quasi totale puisqu'on pouvait sans difficulté dormir pratiquement sans aération, sans être incommodé par les odeurs. Sauf erreur la combustion catalytique permet aussi aux réactions chimiques d'être opérées à des températures plus basses.

Jean-Pierre me rappelle également l'expérience faite par Thomasi en 1875 à l'Académie des sciences, qui avait réussi à aimanter un barreau de fer en faisant circuler de la vapeur d'eau à 6 bars dans un capillaire de cuivre enroulé comme une bobine de fil électrique autour de ce barreau. On peut également citer la machine d'Armstrong, qui a démontré que la vapeur peut être la source d'une forte électrisation. Cette capacité de la vapeur d'eau à générer des charges statiques par frottement, avec ou sans gouttelettes (humide ou sèche), donne plusieurs éclairages. Tout d'abord l'aimantation du réacteur observée y trouve une explication si la trajectoire de ces charges engendre un champ magnétique. Le retour au neutre de ces charges implique une décharge, ou éclatement, qui se matérialise par une étincelle. La haute densité d'énergie présente dans ce "mini" plasma peut favoriser toutes sortes de réactions physico chimiques, comme la décomposition de molécules en éléments plus simples, y compris en ions. En effet une ionisation plus conséquente peut s'amorcer si la pression baisse suffisamment, et si la température est importante. C'est bien le cas dans le réacteur. Enfin, dans l'hypothèse où ces charges aient une durée de vie suffisante sans retour au neutre, elles peuvent atteindre la chambre de combustion et y augmenter la température électronique.

Marcel Carrère, Maître de conférence à l'université de Provence, à la Faculté des Sciences de Saint Jérôme de Marseille (Physique des Interactions Ioniques et Moléculaires), nous a spécifiquement indiqué qu'une température électronique élevée facilite beaucoup les combustions. Il nous a également expliqué que lors d'une ionisation, de multiples espèces d'ions sont créées avec des "durées de vie" variables et parfois surprenantes avant recombinaison. Il nous a même fait part d'une idée très simple pour augmenter la température électronique. Il suggère d'apporter de l'énergie électrique supplémentaire lors de la combustion des hydrocarbures

afin de la faciliter. Cet apport d'énergie se fait avec un champ radiofréquence entre 1 et 100 MHz. Les bobines, isolées dans de la céramique ont un enroulement de quelques spires (à régler pour trouver la bonne impédance). Une alimentation en continu du circuit, sans tenir compte des temps d'admission, de compression et d'échappement, avec quelques dizaines de volts, peut suffire pour des essais préliminaires, l'effet ne se produisant que pendant la combustion.
Les enroulements peuvent être intégrés à la bougie, soit placés entre le haut du cylindre et la culasse pour les moteurs diesel. Dès qu'on a le temps, promis, on essaye.

Sur Internet on trouve une étude théorique de la trajectoire des charges dans le réacteur. L'idée est simple, les forces de Lorentz agissant sur une charge qui se déplace dans un champ magnétique pourraient imposer à cette charge une trajectoire en hélice produisant une auto induction renforçant ledit champ magnétique. Moralité, dans cette optique, il faut veiller lors de la conception d'un réacteur, à préserver les qualités ferro magnétiques des parties internes, mais aussi une symétrie cylindrique afin de ne pas condamner cette hypothèse, même si, nous le verrons par la suite, elle est contestable.

On peut qualifier ce type de design de "design ouvert". C'est un exercice assez particulier étant donné que l'on cherche à concevoir un objet qui n'empêche pas un processus supposé qu'on a n'a pas vérifié.
Cette démarche vient à l'opposé des habitudes des industriels, dont la méthode consiste à expérimenter puis à industrialiser.
L'énorme avantage est le temps gagné par rapport à l'approche

traditionnelle. Le pari, dans notre cas, était la conception d'un réacteur permettant à toutes les hypothèses connues de se vérifier sans préjuger de laquelle est prédominante. Nous dressons un historique des réacteurs dans la troisième partie.

Fig. 26 : De la difficulté d'innover…

Explication crédible ...

Revenons à nos moutons. Les charges sont elles toutes issues du frottement dans le réacteur, ou s'en forme-t-il dès le bullage ? Quelle est leur trajectoire dans le réacteur ?

En 2007 est publié sur Internet un essai par Julien Rochereau, vraiment très intéressant en ce sens qu'il vient étayer ce qui précède.

Ce document propose une explication du dopage à l'eau fondée sur la dissociation ionique de l'eau, en argumentant que ce processus commence dès l'étape de bullage. L'auteur se fonde sur l'Electrodynamique Quantique pour expliquer que des bulles se formant dans une eau au pH non neutre produisent des ions hydroxyle H+ et hydronium OH- lorsque leur diamètre augmente. Ces ions auraient la faculté de favoriser considérablement la combustion, et cette propriété sert de base à au moins trois brevets décrivant des appareillages destinés à ioniser de l'air humide en phase plasma à l'aide de hautes tensions.

Le fait qu'un pH non neutre favorise les économies a été constaté par beaucoup de nos clients. Notamment l'eau de rivière ou l'eau de pluie sont citées comme de meilleurs "carburants". Certaines eaux de forage sont très acides, elles "bouffent le béton", avoisinant un pH de 4,5. Inutile de préciser qu'on nous a témoigné des économies stupéfiantes dans ce cas-là, jusqu'à 67%, ce qui reste rarissime.

Heureusement que les bulleurs sont inoxydables ! Toutes les eaux ne sont donc pas égales, et cela mériterait une étude exhaustive.

Fig. 27 : Eh, vous ! L'eau bénite, c'est pas pour les moteurs !

Ce que nous avions déjà remarqué, c'est que la vapeur d'eau seule ne donne pas de résultats très reproductibles, par contre l'air humide produit par bullage est le compromis le plus efficace, à la fois pour des raisons de simplicité, mais peut-être aussi parce que, à la lumière de cet essai, l'air ambiant peut potentiellement céder à l'eau du gaz carbonique lors du bullage et donc maintenir continûment une légère acidité. Retenez, enfin, que les générateurs de vapeur de type "cafetière" ont un inconvénient majeur :

la formation de tartre dans des ouvertures et canalisation de petit calibre, qu'il faut nettoyer souvent et avec soin. Les bulleurs sont bien plus tolérants.

D'après Rochereau, on se retrouve donc en sortie de bulleur avec des ions, qui vont alors traverser le réacteur, en supposant qu'ils y arrivent "intacts". Le réacteur lui-même est censé produire des charges. L'auteur suggère qu'une ébullition de ce type se produit aussi dans le réacteur. Ce n'est pas très clair, car il peut se passer bien d'autres phénomènes qu'une simple ébullition complémentaire dans le réacteur.

Essayons d'y voir plus clair. La préexistence de charges en amont du réacteur peut avoir une importance et influer sur la circulation dans celui-ci. Des particules chargées venant du bulleur qui 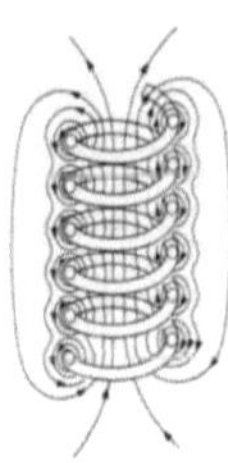 arriveraient au voisinage du champ magnétique que le réacteur est censé produire vont subir des forces de Lorentz et amorcer des trajectoires différentes de celles d'un gaz neutre électriquement. L'illustration ci-contre montre l'allure des lignes de champ pour un solénoïde à spires non jointives.

Fig. 28 : Lignes de champ produites par un solénoïde.

Dans l'hypothèse des charges circulant en hélice, publiée sur Internet dans un autre document, il y aurait un champ magnétique similaire à celui de ces solénoïdes, où ce sont les électrons du courant électrique qui sont les charges. Le courant électrique, qui est cependant constitué conventionnellement de charges positives, circule de bas en haut dans cette illustration, ce qui donne le sens de rotation dans les spires.

Cette trajectoire, si elle est bien hélicoïdale, doit d'ailleurs générer une ségrégation très nette des espèces ioniques en fonction de leurs charges, tout en imposant des vitesses très élevées. La vitesse, on le sait, est un facteur favorisant l'électrisation. De plus, si des charges opposées coexistent, ce sont des hélices contrarotatives qui se formeraient, renforçant le même champ.

Mais il y a un "hic". Une circulation hélicoïdale de ces charges tend non pas à renforcer le champ magnétique initial mais à s'y opposer. En voici l'explication, illustrée ci-contre.

Une charge positive arrivant axialement avec une vitesse V1, qui coupe une ligne de champ, subit bel et bien une force tangentielle F qui amorce une spirale vers le spectateur. Mais le champ qui produit cette trajectoire est induit par des charges qui tournent en sens opposé, avec la vitesse V2. Donc le phénomène ne peut pas s'auto entretenir.

Conclusion, si des charges préexistent avant d'entrer dans le réacteur, elles n'auto-induisent pas un champ magnétique les accélérant en hélice.

La magnétisation des réacteurs, pourtant bel et bien constatée, a donc une autre cause, et il reste encore à déterminer quelle circulation de charges la produit. Des électrons se déplaçant en parallèle auront par exemple tendance à se rapprocher les uns des autres par effet de "pinch". Ce phénomène explique pourquoi un éclair d'orage ressemble à une cordelette toute fine. Dans le cas du réacteur, de tels électrons (ou autres charges négatives) seraient plaqués contre la tige centrale… Les lignes de champ seraient alors circulaires avec le même axe que celui du réacteur ! Et l'aiguille d'une boussole serait alors perpendiculaire au réacteur pour témoigner de l'existence d'un champ magnétique.

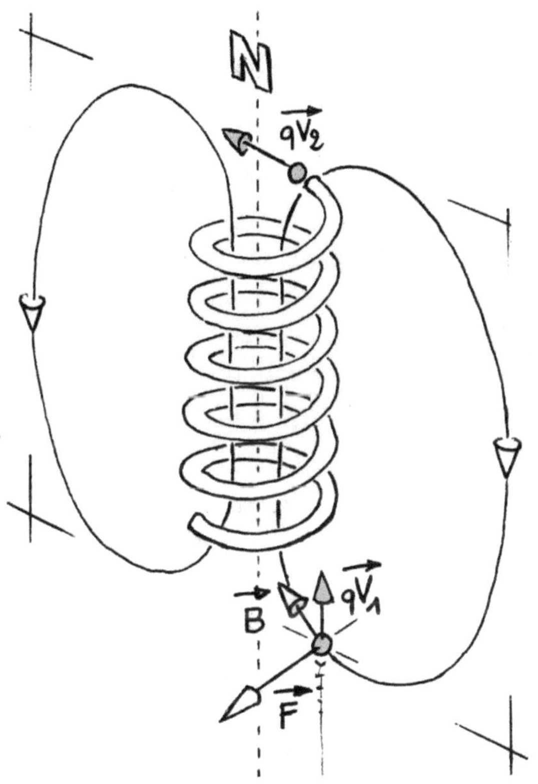

Fig. 29 : Pas d'auto induction !

1er Avril 2008

Non, ce n'est pas un poisson d'avril. Ce jour là, Radu Chiriac Professeur à la chaire de Moteurs à Combustion Interne de l'Université Politehnica de Bucarest en Roumanie, fait une conférence fort intéressante au CNAM, à Paris.

CARBURANTS DU "FUTUR" :
L'ENRICHISSEMENT EN HRG (Hydrogen Rich Gaz).

Une fois de plus, on retrouve les axes forts de nos préoccupations. Mais surtout nous voyons enfin un électrolyseur en phase plasma, catalysé au platine, qui donne des résultats tangibles et utilisables. Ce procédé, mis au point par la société HTA INC, est cousin du Plasmatron du MIT également présenté lors de cette conférence. Le but de ces travaux est de fournir à l'industrie des transports un appareillage embarqué permettant d'alimenter complètement ou en partie un moteur avec un gaz riche en hydrogène. Les résultats sont impressionnants car la combustion de cette famille de gaz est ultrapropre, même lorsqu'on les génère à partir d'hydrocarbures. Il s'agit ni plus ni moins que de reformage, dans ce cas là.
Lors de cette conférence sont présentés de nombreux résultats expérimentaux et détaillés de l'influence du HRG sur la combustion des moteurs essence et diesel. Je vous laisse deviner... globalement positif, mon capitaine.

Nous retrouvons comme exemple de HRG notre mixture préférée, un mélange d'hydrogène et de monoxyde carbone. Encore le gaz à l'eau, ou comment faire du neuf avec du vieux.

Fig. 30 : Vous êtes sûr que ça n'existe pas déjà ?

Les carburants synthétiques

L'avantage d'un carburant liquide par rapport à un gaz, c'est le stockage bien sûr, mais aussi l'utilisation, qui en est plus simple. La synthèse de carburant liquide à partir du carbone est un enjeu stratégique car c'est une énergie renouvelable dans le cas où le carbone est issu de la biomasse. Qui dit carburant de synthèse dit "eau", d'une manière ou d'une autre.

Sabatier a compris comment traiter les hydrocarbures. Grâce à ses découvertes sur l'hydrogénation catalytique, il montre par exemple que l'huile lourde (le gasoil) en présence d'eau et d'un catalyseur, donne des corps plus simples et plus faciles à brûler. Il sait donc transformer un hydrocarbure lourd en hydrocarbure léger. On l'a vu, l'un de ses nombreux brevets, datant de 1915, concerne la production d'une essence légère fondée sur ce principe.

L'ingénieur russe Ivan Makhonine, met au point pendant la seconde guerre mondiale, un moyen de transformer du pétrole brut en un carburant synthétique. Il révélera par la suite que c'est en utilisant de l'eau qu'il y parvient.

Le site internet www.fischer-tropsch.org regroupe une abondante littérature sur un autre procédé, appelé "Fischer-Tropsch" qui durant la seconde guerre mondiale, a permis à l'Allemagne de disposer également d'un carburant de synthèse d'excellente qualité. En pratique on part d'un mélange de monoxyde de carbone et d'hydrogène, qui donne, abracadabra, un hydrocarbure plus lourd et de ... l'eau ! Encore une hydrogénation catalytique. Le plus amusant, c'est que pour obtenir un mélange $CO + H_2$, on peut par exemple utiliser… un gazogène.

Vous l'avez compris, la chimie des hydrocarbures est intimement liée à l'utilisation de l'eau, que ce soit pour simplifier une molécule ou au contraire, pour générer des composés plus complexes. D'ailleurs, étymologiquement, le "hydro" de "hydrocarbure" est sans équivoque.

La réaction de craquage de ces molécules organiques permet de réduire la taille de la chaîne carbonée. La molécule est cassée (craquée) en molécules plus petites. Le terme "craquage" s'applique à tout procédé catalytique ou thermique permettant de convertir une molécule en une ou plusieurs espèces de masse moléculaire plus faible. Le vapocraquage et l'hydrocraquage sont des réactions similaires en présence de vapeur d'eau dans le premier cas et d'hydrogène dans le second. Ces additifs permettent d'éviter des réactions de condensation, indésirables.

Traitement des combustibles

Gunther Kolb, directeur du département des Technologies de l'Energie et de la Catalyse à l'Institut für Mikrotechnik Mainz GmbH écrit au chapitre 2.2. de son ouvrage "Fuel Processing" paru en mai 2008 :

> *Le traitement des combustibles est la conversion des hydrocarbures, alcools et autres vecteurs alternatifs d'énergie en des mélanges de gaz contenant de l'hydrogène. La conversion est réalisée la plupart du temps en phase gazeuse, normalement par catalyse hétérogène en présence d'un catalyseur solide, et moins fréquemment par catalyse homogène à haute température sans catalyseur.*
>
> *Le premier pas de la procédure de conversion est généralement appelée "reformage" et a été bien établie à une large échelle industrielle depuis bien des décennies. Les applications industrielles utilisent le plus communément (76%) du gaz naturel comme matière première. Le but de ce procédé est la production d'un gaz de synthèse, mélange d'hydrogène et de monoxyde de carbone, qui est alors utilisé dans de nombreux procédés dans l'industrie chimique de masse, qui ne sont pas le sujet de ce livre.*

Jusque-là, rien de nouveau, mais la synthèse est plaisante. Cet ouvrage inclut en détail tout ce que nous avons vu jusqu'à présent, et bien plus encore. Notamment il est question des reformeurs à plasma page 264 (Plasmatron reformers).

Les reformeurs à plasma sont utilisables pour la conversion de tous types de carburant, incluant des matières premières lourdes comme la biomasse ou le diesel. Leur petite taille est limitée à une puissance électrique équivalente de 1kW environ.

Page 267 :

Un autre reformeur à arc électrique glissant a été présenté par Czernichowski. Il pouvait être alimenté par du gaz naturel, du cyclohexane, de l'heptane, du toluène, de l'essence, du JP8 ou du diesel. Les composés sulfurés étaient convertis en sulfure d'hydrogène dans le système, qui tolérait jusqu'à 4% en poids de sulfure sans altération de son opérabilité. Seulement 2% de l'énergie fournie par la pile à combustible était réutilisée pour la génération du plasma. La figure montre un reformeur à arc glissant qui avait une puissance équivalente de 7kW et un volume de 0,6 L. Le plasma était généré par une tension de 10 kV, avec un courant de seulement 25 mA, ce qui ramène la consommation moyenne à seulement 100 W. Le carburant JP8 pour jet était converti dans ce reformeur avec un rapport oxygène sur carbone de 1,4 et le reformat contenait entre 10 et 16% d'hydrogène en volume sur base sèche, combiné avec jusqu'à 20% de monoxyde de carbone, 2,8 % de méthane, et 2,8 % d'éthylène. L'efficacité thermique du reformeur était de 75% selon le rapport.

…

Eau + air + carburant "+" plasma = gaz de synthèse.

Dans ce livre sont décrites des dizaines d'applications concrètes de ces procédé, réalisées partout dans le monde, y compris par des industriels renommés. Nous avons donc l'espoir de voir naître des applications grand public de ce savoir centenaire. En ce qui nous concerne, sa lecture a confirmé bien des points et ensemencé notre imagination pour de nouveaux développements originaux.

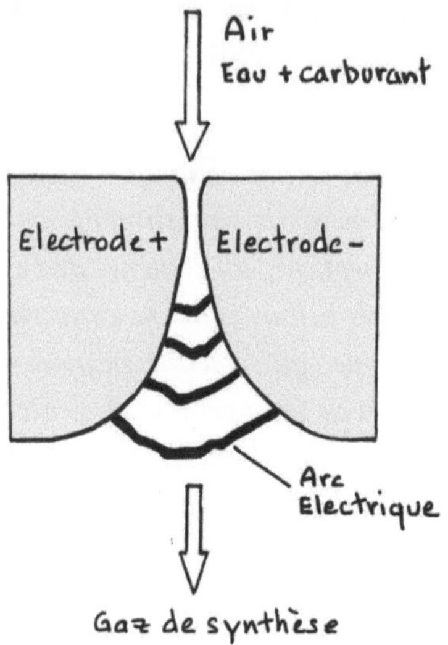

Fig. 32 : Reformeur à arc glissant (plasma).

Août 2008

Aux fins fonds de la Drôme provençale, aux détours d'un apéro rituel mais fortuit avec des agriculteurs du coin, j'expose nos travaux et nos résultats sur tracteurs. Le père m'écoute apparemment mi sceptique mi amusé. Après quelques échanges généraux sur les méfaits de la modernité, il rentre dans le vif du sujet, laissant là les nuisances de la mondialisation.

- Ah mais il y a trente environ, le gars qui tenait le garage de la Motte, il avait réussi à faire marcher un moteur pratiquement qu'avec de l'eau. Un vrai miracle. Un jour où tu reviens tu me le dis, on ira le voir. C'est pas des blagues, il y en a plein qui l'ont fait, apparemment. Ah mais c'est sûr qu'aujourd'hui, avec le prix du pétrole... En tous cas ça va lui plaire de discuter avec toi. Tiens, ressers toi un pastis.

- Euh, oui, mais un noyé alors, parce que moi aussi je marche surtout à l'eau par cette chaleur...

C'est incroyable le nombre de gens qui ont fait ou vu des moteurs à eau.

Deuxième Partie

HYPNOW

Avis de tempête

Dimanche 10 mai 2008.

Ce mail d'insultes me fait douter de tout. A quoi bon toute cette histoire ? Ce type nous traite d'escrocs, d'imposteurs, de copieurs avec une haine hallucinante. Certes il nous a acheté un exemplaire de notre économiseur de carburant Retrokit à 360 euros, certes il n'est pas content, mais pourquoi un tel déchaînement de colère ? Après tout la somme est modeste et nous l'avions prévenu que ça marchait moins bien dans les cas comme le sien.

…

" Et je ne suis pas le seul client insatisfait, sur 10 clients, j'en ai rencontré un seul qui annonce des performances, à se demander s'il n'ose pas dire l'inverse, il semblerait qu'on ait qu'à vous regarder couler…

Bien à vous chers ingénieurs en escroquerie. "

Je viens de lui répondre qu'on le remboursait s'il le souhaitait, ça m'a calmé...

Au fur et à mesure que nous avançons dans cette histoire, tout prend des proportions énormes. Est-ce la fatigue qui rend tout cela insupportable? Ou bien les événements sont-ils réellement disproportionnés ?
Les mauvaises nouvelles sont aussi intenses que les bonnes, tout cela diverge, et le baril a atteint 126 dollars aujourd'hui.

Mince, on a quand même des dizaines de témoignages de clients contents, alors d'où il sort celui-là, à s'exciter comme ça ? Oui on fait faire des économies de carburant, jusqu'à 60% dans certains cas... Oui, c'est pour le bien de la planète...

Fin avril, nous avons, David et moi, passé trois jours à faire des tests en laboratoire sur un moteur de tracteur Deutz 3 cylindres hyper compatible, ça devait être du gâteau. On a dépensé trois mille euros en se disant, ça y est, on va enfin avoir notre preuve, notre sésame pour la réussite... Le document tant espéré prouvant notre savoir faire. Nous avons énormément appris. Mais concrètement, seulement 17% d'économies de gasoil sur 10 minutes à la fin du deuxième jour, et c'est tout. Ce pourrait même être une erreur de mesure.

Aucune explication sur le moment ! On s'est torturé les méninges pour essayer de comprendre, rien à faire. Je répète à David :

- Mais quelle différence y a-t-il entre cette enclume de banc d'essais et un tracteur dans les champs ? Hein ?

Le pauvre, je le harcèle de mes hypothèses alors qu'il n'a qu'une idée en tête, tout démonter pour ne plus y penser. La mécanique, ça occupe l'esprit. Mais moi je rumine, tout cela défie ma logique, il y a une explication et j'espère bien trouver laquelle.
Nous étions dans un hangar en bardage métallique, donc cela crée une cage de Faraday, donc le champ magnétique terrestre est peut-être beaucoup plus faible. Et on sait bien qu'il y a un lien avec le champ magnétique.
- David : Tu crois ???

Foutaises, on a agité des aimants autour du réacteur, ça n'a rien fait. On oublie le bardage, a priori, c'est idiot. En tous cas ça ne peut pas venir QUE de là.
Essayons avec du propane pour voir si ça régule.

- David, imperturbable : OK je vais chercher la bouteille.

Mais comment fait-il pour rester calme ?
David ouvre la bouteille à l'entrée d'air pendant que je scrute le débitmètre et le régime moteur. Soixante-dix tours de plus et la consommation s'écroule de moitié.

- Moi : C'est bon arrête tout !
- David : Alors ?
- Moi : ça régule, mec, super bien. Tout va bien.

Dans notre jargon, quand ça régule bien, ça veut dire que le moteur adapte en temps réel et très précisément la quantité de gasoil injecté en fonction de la puissance demandée. Dans ce cas-là, les économies potentielles sont très importantes. On lui ajoute du gaz, il "lève le pied" tout seul. Justement, on en fabrique du gaz avec notre Retrokit.

Et là, cette mule de moteur régule magnifiquement, donc, avec NOTRE gaz, ça devrait baisser aussi.

Réfléchissons. Se pourrait-il que ce soit le protocole de test qui soit en cause ? La seule explication, c'est que l'accouplement au banc hydraulique empêche le régulateur de détecter l'augmentation de rendement : **la vitesse ne varie pas assez**. Avec du gaz de ville, très énergétique, la vitesse varie suffisamment pour déclencher le régulateur. Moralité, si on ne détecte rien avec un banc moteur "standard", ça ne va pas être facile de prouver quoi que ce soit.

Il y a vraiment de quoi se décourager. On va finir par l'ouvrir, cette pizzeria de secours, si ça continue.

Fig. 33 : Toujours avoir un "plan B"…

Déjà copié

Dans la série des tuiles carabinées, deux jours avant ce mail d'insultes, nous apprenions qu'une société basée dans le Centre de la France avait copié notre Retrokit. Fin 2007, cette société, en grave difficulté, voulait travailler avec nous pour des raisons de survie : fabriquer nos produits était une opportunité de recréer de la valeur, les vendre et les installer également. Nous étions bien fragiles à ce moment-là, la perspective de confier nos secrets de fabrication à une société moribonde ne nous enthousiasmait pas. Nous leur avons proposé de devenir revendeurs et de voir au fur et à mesure comment ça fonctionnait entre nous. Ils nous ont commandé des produits en grande quantité (cinquante) et n'ont pas honoré leur commande : ils n'en ont pris que dix. Certainement pour les autopsier ! Le résultat était une chimère, un mélange de deux de nos produits :

Fig. 34 : C'est nouveau, ça vient de sortir.

Certes nous avions eu un problème de qualité sur une présérie fabriquée en Tunisie pour essai, mais nous avions procédé à un échange standard.

Cela ne pouvait pas les avoir énervés au point de vouloir nous copier, surtout que le risque était énorme pour eux. Probablement qu'ils n'avaient pas conscience de la validité du droit d'auteur comme protection intellectuelle à part entière. D'un autre côté, cela voulait bien dire que les clients existaient.

Nous ne voulions qu'une chose : que la technique se diffuse. Que fallait-il accepter pour arriver à nos fins ? Jusqu'où se protéger, à partir de quand montrer les dents pour préserver un peu le fruit de notre travail ?

Ce serait si simple de travailler ensemble plutôt que de dépenser de l'énergie à intenter un procès. David, avec son bon sens habituel, m'avait répondu :

- Regarde comment ils se comportent... Tu te vois travailler avec eux ?
- Non, t'as raison. Au moins on a la preuve de leur manque de fiabilité. Tu te rends compte, c'est même pas des Chinois.

Mais la copie a réellement du bon. Tout d'abord cela signifie que le marché existe et que le produit est vendable, c'est rassurant. Mais c'est aussi très stimulant. Cela nous a obligé à garder une ou deux longueurs d'avance en innovant continuellement pour aller vers un kit moins cher, plus compact, plus performant, plus facile à installer… Bref sans toutes ces copies nous en serions encore au SPAD tout rouillé !

Le tout début

Tout a commencé en 2002, quand je fréquentais les forums d'Internet sur le moteur à eau. Pourquoi m'intéressais-je à ça ? Parce que j'avais appris à l'école que le rendement d'un moteur est à peine de 30%, et que je trouvais ça faible. Alors je cherchais en amateur des informations sur les moteurs exotiques. On y trouvait de tout, sur ces forums, quel fouillis.

A la même période, un de mes collègues de travail, un autre Christophe, furetait pas mal sur Internet à la recherche de trucs sensationnels. Un jour il me dégota un site sur lequel un illuminé du nom de "Spirit of Ma'at" donnait les plans d'un électrolyseur tellement efficace qu'on pouvait rouler... uniquement à l'eau ! Ah ben tiens, ça colle pile poil !
Pour une fois qu'on avait des documents détaillés, ça changeait des vidéos sur Meyer et son électrolyse à résonance très compliquée, ou Dingle et sa bagnole filmée en très basse résolution.

A cette époque je turbinais dans le cadre de mon travail sur un prototype de pompe à eau utilisant la magnétohydrodynamique. J'avais imprimé des centaines de pages "officielles" sur l'électrolyse. Nulle part on parlait de résonance ou de quoi que ce soit qui puisse permettre de faire rouler une bagnole avec cinq ampères sous douze volts. A peine de quoi allumer une bonne vieille ampoule à filaments de 60 watts. Le phare gauche, quoi. Ce plan de Spirit of Machin m'a bien fait rigoler. Mais après tout, pourquoi ne pas essayer ? Doute ou curiosité, peu importe… L'autre Christophe, les yeux exorbités, rêvait déjà des conséquences multiples de cette manne providentielle, que statistiquement, nous ne devions pas être les seuls à avoir dénichée. Moi je résistais à cette transe en me demandant si je trouverais facilement tous les composants électroniques pour essayer.

Et me voilà parti dans l'idée de mon premier bidouillage.

L'engrenage se mettait en place doucement, car en creusant un peu plus sur le Web, je me rendis vite compte que l'électrolyse miraculeuse était la "face cachée de l'iceberg", pour reprendre la délicieuse expression d'une de mes amies.

Le foisonnement de ces miracles en tous genres me consolait des échecs répétés de "ma" pompe, pour laquelle nous n'avions pas d'aimants assez puissants. Comment pomper de l'eau avec une électrolyse quand on n'a pas d'aimants assez puissants ? Quasi impossible, autant faire du pédalo avec une hélice plate. J'allais pourtant trouver la réponse tout seul comme un grand. Une réponse si simple que je me suis posé un problème bien plus intéressant : comment faire pour qu'on ne me pique pas l'idée ? Le seul fait de commencer à expliquer le principe et l'on comprenait instantanément comment ça marchait. Sacrebleu, si je dépose un brevet, une fois publié, la galaxie entière pompera de l'eau avec mon idée. Ou l'inverse.

Autant n'en parler à personne et fabriquer ce montage pour voir. Si jamais ce circuit électronique fonctionnait, ma pompe n'en serait que plus performante. La vie est vraiment compliquée : tu as une super idée et tu ne peux pas la breveter, sinon tout le monde va être au courant. Vraiment mal foutu. Reste la sensation grisante de détenir un secret... de Polichinelle

Optimiser

Toute notre stratégie de protection intellectuelle reposait sur deux points. Le premier est le coût exorbitant d'un procès en contrefaçon, le deuxième est que la publication d'un brevet est un joli cadeau aux contrefacteurs potentiels.
En résumé il fallait dépenser le moins possible et en dire encore moins, tout en gardant la liberté d'exploitation de nos trouvailles. Est-ce qu'un juriste avait résolu ce problème?

Je me suis posé cette question de manière sérieuse lorsque j'ai trouvé le principe de la pompe à électrolyse très très concrètement. Dans ma cuisine, une expérience toute simple m'a fait toucher du doigt la puissance d'une explosion. Un bocal de confiture rempli d'eau, deux électrodes, une aiguille de seringue pour canaliser le gaz qui va sortir, et hop on met le jus. De jolies bulles témoignent de l'hydrolyse en cours, alors j'approche avec angoisse la flamme d'un briquet de l'aiguille pour faire détonner l'hydrogène et l'oxygène. Rien. Pas assez de gaz ? Si si, il y a plein de petites bulles qui se forment. Je cesse d'être timoré et j'insiste avec la flamme du briquet et ... boum !
L'aiguille avait transmis la chaleur du briquet au mélange explosif formé au-dessus de l'eau et provoqué la déflagration ! Du verre partout, de l'eau jusqu'au plafond. Pas de blessés.

De l'eau au plafond ? Mais alors je peux mouvoir de l'eau avec une électrolyse ?! Voilà c'est ça mon idée géniale. Tellement simple que si j'en parle, tout le monde comprend, ça je vous l'ai déjà dit. J'ai appelé ça "pompe à combustion interne". Mais ça peut aussi propulser des bateaux… On utilise de la basse tension pour l'électrolyse, et de la haute tension pour l'allumage. L'explosion se fait entre deux clapets.

Fig. 35 : Boum ou pas boum ?

C'est ainsi que j'ai déniché le droit d'auteur en cherchant à protéger l'évidence. J'allais découvrir avec effroi le monde de la protection des droits des inventeurs... Heureusement pour nous, j'ai fait la connaissance de Didier Feret, expert en propriété intellectuelle, qui a conçu une méthode de protection par le droit d'auteur, rigoureuse et fonctionnelle, l' "Acte Déclaratif de Qualité d'Auteur". C'est grâce à lui que nous avons pu, juridiquement, nous assurer de la liberté d'exploitation de notre travail sans recourir obligatoirement au brevet.

Cette "découverte" du droit d'auteur allait être déterminante dans notre décision de créer une entreprise, car lorsque David eut l'idée du SPAD, et que nous eûmes constaté les performance de la chose, il eut comme premier réflexe de vouloir le donner à tout le monde, sous forme de plans détaillés. C'est à ce moment-là que je l'ai persuadé de se protéger au moins un petit peu. Après tout, c'était son idée à lui, non ? Générosité peut rimer avec propriété…

Nous avons décidé de joindre ces plans à la fin de ce livre. Ils sont déjà depuis longtemps disponibles en téléchargement sur quelques sites Internet.
Ils étaient au départ en ligne sur le site http://easy.spad.free.fr. Autant que vous ayez officiellement la dernière version…

Fig. 36 : Pompe à électrolyse.

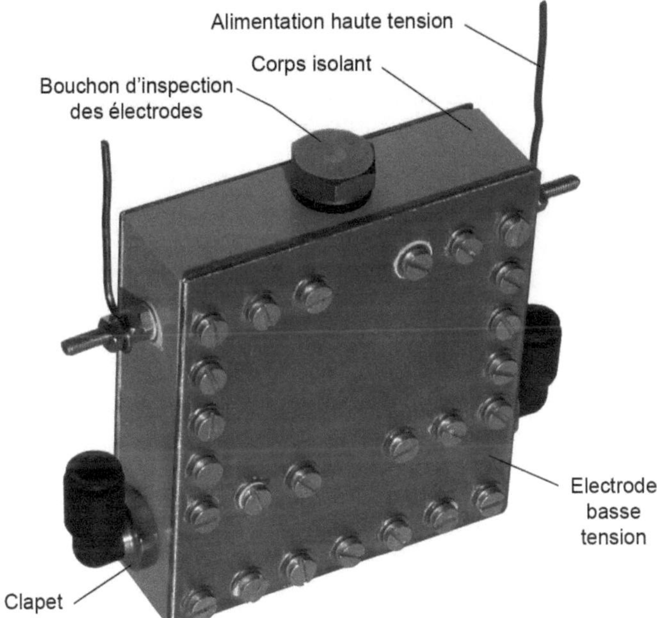

Brevet ou pas brevet ?

Que dire de ce rendez vous chez Oséo ? Notre interlocuteur m'a décrit un brevet comme un rosier dans un champ. S'il est tout seul, tout le monde peut s'approcher et cueillir les fleurs. Il faut planter des haies de rosiers tout autour pour protéger le rosier central. Et bien sûr laisser le soin aux cabinets d'avocats de jardiner tout ça. Des jardiniers de luxe, spécialistes de la fleur de brevet. Encore une fois c'est la discrimination par l'argent qui nous plombe.

Notre ami Elio, spécialiste du transfert de technologie, me confirme que le brevet ne sert à rien en tant que tel. Un comble. Un brevet n'empêche pas la copie ! Un bon brevet, à la limite, c'est un brevet suffisamment flou pour qu'on ne comprenne rien ou presque, pour éviter que quelqu'un re-dépose un brevet similaire. De ce côté-là, le brevet dont nous avons fait la demande, rédigé par un cabinet spécialisé justement, et avec l'unique subvention obtenue à ce jour est un modèle du genre. Super flou. Je ne me comprends même plus moi-même. Je n'ai pas écrit ça. Et pourtant ça traite du sujet. Très oriental, comme approche. Il leur faudrait une cellule psychologique dans ces cabinets d'avocats, pour traiter les schizophrénies post brevet de leurs clients inventeurs.

Au départ je me suis laissé convaincre parce que le dirigeant de ce cabinet m'avait assuré qu'on pouvait breveter un cahier des charges. C'est-à-dire breveter le résultat à obtenir et pas la solution pour y arriver. Mon oeil. Lorsque l'ingénieur chargé de la rédaction m'a contacté, il a commencé à me demander des détails hyper précis ! Alors je lui ai dit "Mais non je veux pas vous dire comment on fait, c'est un cahier des charges !"

Impossible, sinon pas brevetable.

A la fin, de guerre lasse, pour ne pas discréditer le cabinet par rapport à l'institution qui avait financé une partie de la rédaction, j'accepte de laisser déposer le brevet, avec la possibilité de retirer la demande éventuellement.

Oui je sais c'est surréaliste, mais il faut comprendre que nos secrets de fabrication constituaient la maigre avance que nous avions. La conserver était vital pour arriver à nos fins, c'est-à-dire avoir les moyens nécessaires pour réaliser tous nos autres projets.

En tous cas, à l'Institut National de la Propriété Intellectuelle, les recherches d'antériorité sont très décevantes : il manquait des inventions majeures à notre rapport de recherche. On va peut-être leur envoyer ce livre…

APTE et le Maroc

Après que nous avons fait connaissance en 2003 sur un forum dédié au moteur Pantone, David m'annonce, après plusieurs échanges de mails, qu'il a déjà, lui, réalisé un montage sur son camion. Piqué au vif, je lui demande alors où il habite, dans l'espoir de lui rendre visite. Je découvre, hilare, qu'il est à 20 Km de chez moi. Excellente nouvelle. Je débarque sur le parking de Jouques et nous voilà à papoter autour du camion. Le courant est passé tout de suite, et l'ampérage a grimpé encore autour d'un café. Le constat est sans appel, il faut simplifier tout ça, ce n'est vraiment pas à la portée de tout le monde.

C'est à cette occasion que David me parle d'APTE, dont il vient d'avoir connaissance. La suite ira très vite. Nous nous "installons" en 2004 à la ferme de Jean Louis Millet président de l'Association pour la Promotion des Techniques Ecologiques. Un repaire d'activistes sincères et dévoués dont l'engagement et la convivialité sont des exemples pour nous tous.

Nous participions aux formations pour expliquer ce que nous savions. David montrait comment fabriquer un réacteur en acier et je crayonnais des schémas sur le "paper board" pour tenter d'expliquer à un public mitigé ce que je pensais avoir compris du procédé. Nous avons vu débarquer aux formations des gens en demande qui s'inquiétaient du futur. Comment faire ? Que dois-je faire ? Est-ce que c'est la solution ?

Est-ce que je peux vous acheter un réacteur ?

Cette question est l'une des premières pièces du puzzle. David et moi-même nous sommes regardés avec des pensées comparables : mais enfin, il n'y a rien à acheter !? Cela pourrait-il changer ?

En juillet 2004 David est parti en voyage au Maroc. Il en est revenu avec des anecdotes improbables mais authentiques. Comment transporter 19 personnes dans un pick-up 504 ? Ici personne ne se poserait la question, mais là-bas, c'est possible… Il acquiert le statut de grand spécialiste en faisant démarrer un diesel avec la clef cassée et coincée dans le Nieman : un contact sur la batterie pour faire un préchauffage, puis un pour ouvrir l'électrovanne et encore un pour actionner le démarreur. Avec des bouts de fer à béton. Rien de compliqué, mais la magie, c'est un savoir que les autres n'ont pas.

Bouleversé par la générosité des Marocains, qui ne possèdent presque rien mais vous offrent tout ce qu'ils ont sans hésiter, il commence à réfléchir à leur mode de vie et à ce qui lie les aspects de leur quotidien.
Il passe quelques semaines dans une ferme près de Rabat chez Saïd et Malika. Considéré comme un membre de la famille, il observe leur mode de vie simple mais complet, sans le superflu de nos sociétés, tout en participant aux tâches quotidiennes, et il se pose la question : qu'est ce qui pourrait perturber cette qualité de vie, modeste mais remplie de l'essentiel ? Une des plus grosses dépenses de la ferme, comme toutes les autres aux alentours, est le budget carburant que l'on met dans les tracteurs, motopompes et voitures qui servent à la production et la vente des légumes de la ferme. La moindre variation du prix au litre perturbe aussitôt les autres besoins vitaux : manger, se déplacer, se soigner et influe

sur le prix de la nourriture. Imaginez faire vivre votre famille avec un salaire de 200 € et un litre de gazole à 1€, c'est dur... Il faut comprendre que cet équilibre précaire est en grande partie lié au prix du carburant. Le Maroc n'est pas le seul pays dans ce cas, rares sont ceux où c'est l'inverse.

Les autochtones ont-ils conscience de cette dépendance ? Peut-être, mais leur quotidien difficile les accapare et il n'y a derrière leur beau regard limpide que la simplicité authentique d'une survie millénaire. Que se passerait-il si le carburant disparaissait ou devenait inaccessible ? Auraient-ils encore le savoir ancestral à portée de main ?

Dans ce joyeux dénuement, la pensée se libère. Il faut diminuer leur dépendance au pétrole. David assemble mentalement la première version du SPAD, adapté au contexte local. La simplicité avant tout. Une fois rentré en France, il me dessine son idée et je reste sidéré par l'évidence du concept.

Les premiers prototypes du SPAD que David soudait comme il pouvait avec de la tôle de récupération ont tout de suite donné 30% d'économies. Jean-Louis avait une confiance sans bornes en David et lui laissait bricoler ses tracteurs les yeux fermés. J'étais beaucoup moins présent sur place, mais chacune de mes visites me donnait des sueurs froides. Heureusement que David s'y connaît en mécanique. Je n'aurais pas osé le dixième de ce qu'il a réalisé. Je cherchais frénétiquement des informations, des explications, des théories. J'essayais de rendre cohérentes les idées sur le sujet. J'ai accumulé durant cette période des centaines de documents en plus de ceux que nous avions déjà mis en commun.

Fig. 37 : Le tracteur de Jean-Louis Millet avec son SPAD.

Instinctivement nous cherchions à évaluer le coût d'un tel dispositif, et quel prix serait acceptable. Nous étions déjà tiraillés entre la valeur d'estime du produit existant, peu élevée en raison de son aspect bricolé et rouillé, et sa valeur économique représentée par les économies potentielles.

Ayant vécu de très près l'aventure de mon père, inventeur, j'avais de solides notions de rentabilité et de marge en tête. Je savais ce qui était réaliste, possible. David lui possédait et possède encore le don d'aller à l'essentiel. En quelques semaines il eut dessiné, répertorié, et chiffré les composants du SPAD. Nous avions une estimation du coût de revient et étions capables d'extrapoler sur des versions ultérieures. Nous étions partagés entre notre expérience industrielle qui nous dictait, par exemple, d'employer l'acier inoxydable au maximum, et l'incertitude concernant l'importance des matériaux. Nos possibilités d'expérimenter étaient quasiment nulles et essentiellement liées à la bonne volonté de courageux visionnaires. Il fallait donc, déjà, procéder pas à pas et tenter de ne pas trop modifier ce qui fonctionnait bien. La quadrature du cercle. Nous tournions le problème dans tous les sens.

- David, si un jour on commercialise quelque chose, il ne faut pas que ce soit une copie du brevet Pantone ou autre, sinon on nous accusera de contrefaçon, et on ne nous laissera pas faire. Il faut trouver des trucs originaux.
- Alors il faut accentuer les différences existantes en cherchant dans d'autres directions, les plus simples possibles.
- Et en plus il faut garder la possibilité de complexifier pour créer de la valeur ajoutée avec de la nouveauté.
- Et oui. Tu reprends un petit café de céréales ?
- T'as raison, un petit café pour éclaircir les idées. Tu crois qu'on peut simplifier et complexifier en même temps ?
- Bois ton café. Et si on soudait un piquage là, tout simplement...
- Ah oui c'est bien, là. En plus au milieu c'est joli.

Ces séances de travail sans queue ni tête étaient totalement débridées. Nous avons appris à travailler ensemble sans effort. Nous étions capable de nous écouter mutuellement en mêlant humour, décontraction, créativité et mécanique appliquée. Le seul enjeu était de trouver "LA" solution. Aucune compétition. Cool. Une bonne association.

Il reste de cette époque un attachement indéfectible au Salon des Ecoénergies de Mérindol, dans lequel nous errons chaque année avec bonheur, comme des poissons dans l'eau.

Fig. 38 : Tardy et Dieulle avec un SPAD RM60.

12 Juin 2008

Je suis en pleine rédaction de notre Acte Déclaratif de Qualité d'Auteur pour le "Retrokit Nano" lorsque David m'appelle...

- Tu ne devineras jamais... Tu veux une bonne nouvelle ?
- Quoi ?
- Le 4x4 avec le deuxième prototype du Nano...
- Allez, crache le morceau.
- Il est passé de 12 litres aux 100 à 9 litres !
- Cool, donc c'est bien l'alliage qui fait la différence !
- Oui donc cette fois-ci on a tout pour foncer.
- Zou !

Nous avons conduit les essais en confiant une vingtaine de prototypes à notre réseau proche, constitué de militants anti-pollution très engagés, et surtout prêts à nous aider dans nos recherches. Nous venons d'avoir la confirmation du rôle de certains métaux dans la réaction.

Après des mois d'essais, nous avons maintenant la certitude que l'alliage sélectionné constitue à ce jour le meilleur compromis compte tenu de nos recherches. Nous pourrons certainement faire mieux, mais le soulagement d'avoir trouvé une solution viable vaut de l'or.

Le 16 juillet, David m'annonce que le test du Nano "premier de série" monté sur sa Golf est positif. Cela veut dire que la solution envisagée pour fabriquer le tube est la bonne, on a donc résolu tous les problèmes techniques.

Elle est où, cette bouteille de champagne ?

Le 21 juillet, deux chinois, l'un déguisé en canadien et l'autre en néo calédonien, nous questionnent un peu trop à notre goût. La partie est loin d'être gagnée. Il va falloir produire beaucoup, et à bon prix…

Laissons encore un peu le champagne au frigo.

l'UTAC et le CNRV sont sur un bateau, les deux tombent à l'eau.

Notre nouveau Retrokit Nano est petit et très facile à installer. Nous avons fait une partie de nos tests sur moteur de voiture. Il y a donc une probabilité maximale d'en retrouver un sur une automobile un jour ou l'autre.

Quelle conséquence pour nous ? Il faut mener l'enquête.

Je reçois le 31 Juillet un mail de l'UTAC. Dans l'arrêté du 26 février 1976 en pièce jointe, concernant les économiseurs de carburant, on découvre, comme annoncé lors du premier contact, que l'homologation d'un tel dispositif n'est absolument pas obligatoire. C'est plutôt encourageant, car le contexte semble propice. Mais attention, si la puissance augmente de plus de quelques pourcents, le véhicule doit faire l'objet d'une "réception à titre isolé" au Centre National de Réception de Véhicules, le CNRV. Autrement dit on repasse aux Mines, comme pour une importation d'une voiture étrangère.

Voyons voir, qui dit économie dit augmentation de rendement apparent. On fait la même chose avec moins de carburant. Mais avec la même quantité de carburant qu'avant la modification... On a plus de puissance disponible ! Logique, non ? C'est d'autant plus vrai que dans le cas des voitures, le régulateur est du type "mini maxi", c'est à dire que c'est le conducteur qui gère la quantité injectée à la pédale, entre un minimum, et un maximum. Il s'agit donc d'une modification notable, ce qui implique de faire une réception à titre isolé. La puissance disponible est potentiellement différente de celle annoncée par le constructeur.

Au passage, à part y mettre un autocollant, tout ce que vous faites à votre auto est une modification notable. J'exagère à peine.

En résumé, homologation pas obligatoire, mais modification un peu trop "notable". Bien, qu'à cela ne tienne, étape suivante : allô le CNRV.

Après avoir choisi un créneau en plein milieu des heures de bureau, je me décide et j'expose, plein d'espoir, ce qui m'amène. Après un instant de réflexion, la personne au bout du fil me dit :

- En effet, un véhicule dont la puissance change est soumis à une réception à titre isolé, pas de problème. Votre raisonnement est nickel : plus de rendement avec un régulateur mini-maxi de type automobile, ça veut dire plus de puissance.
- Bon très bien et comment ça fonctionne, on peut vous en envoyer combien à la fois, des véhicules, pour une réception ?
- Oh là là ! Mais vous n'y êtes pas du tout ! Ce n'est absolument pas notre vocation ! Vous vous rendez compte si on devait passer tous les véhicules à la réception !?
- Mais euh, comment ça, tous ?!
- Ah mais un véhicule sur deux n'est pas conforme, entre la taille des pneus, les pièces de rechange non homologuées constructeur, j'en passe et des meilleures... c'est infaisable comme contrôle, on n'a pas les moyens !

- Mais alors, on fait quoi ?
- Ben, en ce qui concerne le "tuning", volontaire ou involontaire, on considère que les gens sont assez grands pour savoir ce qu'ils font. Pas vu, pas pris.
- Ah. Bon. C'est limpide vu comme ça.
- De toute façon si la puissance est modifiée, on vous demandera de passer par le constructeur.

Résultat des courses, on n'a pas besoin d'homologation, mais il faut une réception à titre isolé, mais on ne peut pas la faire sinon on engorgerait le système, si tant est que le constructeur soit d'accord.

En plus, il semblerait que l'Etat ait déjà attaqué des fabricants de kits électroniques augmentant la puissance des moteurs diesel à rampe commune. Vrai ou non, tout cela ne nous dit rien qui vaille.

Plus de doute, on se concentre sur les tracteurs.

Fig. 39 : Le dur combat pour la conformité.

Je vous assure…

En fait, quel est le risque avec les voitures ?

Premièrement, toute modification d'un moteur sous garantie annule celle-ci à coup sûr. Mettons nous à la place d'un constructeur de moteurs, s'il fallait réparer gratuitement les bricolages de tous les clients, ce serait économiquement impossible.

Le risque matériel est une chose, mais il y a beaucoup plus grave. Etudions un instant le scénario suivant. Un automobiliste fait une modification de son véhicule, puis, quelques temps plus tard, est responsable d'un accident mortel. L'expert de son assureur examine le véhicule et s'aperçoit de la modification. Il va rendre compte à l'assureur que le conducteur a modifié son véhicule, et va probablement lier la cause de l'accident à cette modification. L'assureur est en droit de refuser d'indemniser la famille des victimes sous prétexte que l'assuré à modifié le véhicule. C'est alors l'assuré lui même qui doit supporter le coût de cette indemnisation, ce qui signifie sa ruine. Il peut même être l'objet d'une condamnation pénale.

Il est donc extrêmement dangereux de modifier quoi que ce soit sur son véhicule sans avoir la certitude que le contrat d'assurance en responsabilité civile reste valide. Pour cela une réponse par téléphone de son assureur est totalement insuffisante. Il faut absolument obtenir une attestation écrite de la compagnie d'assurance (et non du courtier) stipulant que la modification du véhicule ne change en rien les garanties initiales du contrat. C'est en pratique impossible à obtenir, malgré les dires de certains.

Nos conclusions sur le sujet sont formelles. Tous les professionnels que nous avons interrogé sur le sujet sont d'accord pour dire que le sujet est extrêmement délicat.

Nous avons enquêté auprès des assureurs, des concessionnaires, des garagistes, des syndicats et associations professionnelles. Tous affirment que sans l'accord du constructeur automobile, rien n'est possible.

Notamment, un expert en automobile et en accidentologie nous a conseillé carrément de passer notre kit au banc d'essai pour faire constater le contraire de ce que l'on veut démontrer, c'est à dire ni économie ni puissance supplémentaire. Ainsi plus de problème.

On tourne en rond.

La seule issue pourrait être la pression exercée par un gros industriel, ayant un parc de machines important, auprès de son assureur. Dans ce cas le rapport de forces pourrait obliger l'assureur à prendre en compte la modification pour ne pas perdre le contrat.

Nous mettons un point d'honneur à informer largement et précisément nos interlocuteurs sur cette question, car les conséquences potentielles d'un bricolage sauvage sont effrayantes, bien qu'elles soient essentiellement juridiques et non mécaniques.

Les expérimentateurs bénévoles

Qui se soucie des conséquences juridiques de ses agissements au fond d'un garage, ou dans l'atelier de la ferme ? Les bricoleurs, fussent-ils de génie, sont parfois totalement inconscients. Mais reconnaissons-leur le mérite d'être passés à l'acte.

De nombreuses personnes ont fait leurs propres essais durant ces dernières années, et continuent encore aujourd'hui. Citons notamment Antoine Gillier et Michel David, les plus méritants à nos yeux, qui ont eu le courage et la patience d'essayer de multiples et très astucieuses combinaisons de tous ces systèmes, dans un quasi anonymat, avec une simplicité, un désintéressement et un sens du partage qui forcent le respect.

Citons aussi Michel Schmidt et Hervé Fargeix, qui inlassablement organisent des formations sur le système Pantone pour tous ceux qui veulent le réaliser par eux-mêmes.

Il faut rendre hommage à tous ces chercheurs et propagateurs de l'ombre, qu'on ne peut pas tous citer, qui ont essayé sans relâche, tout comme nous d'ailleurs, d'aboutir à de bons résultats avec les moyens du bord. L'une des motivations de la création d'Hypnow a été justement la réflexion suivante :

Pour aider tous ceux qui ne savent pas souder, qui n'ont pas le temps, qui n'ont pas d'outillage ni de compétences, que peut-on faire ?

Réponse : concevoir un produit standard industriel et le diffuser par les moyens commerciaux habituels. Il y a des milliers de moteurs à équiper d'urgence pour freiner la pollution et la consommation. Quelques plans gratuits et photos de montage sur mesure ne sont pas la réponse à cette problématique. C'est un projet d'entreprise qui nécessite la liberté d'exploiter, donc une démarche originale, dont la propriété intellectuelle soit acquise et inaliénable.

Il fallait donc passer de l'expérimentation bénévole et de la reproduction de l'existant à une démarche active qui puisse être reconnue comme telle sans ambiguïté, et surtout, on l'a déjà dit, sans courir le risque de se voir empêcher d'agir.

Tout le monde ne comprend pas ça, nous avons de nombreux détracteurs, même chez les "écolos". Parfois on nous traite de capitalistes, le comble. Le problème des écologistes de l'extrême, c'est que si on trouve une solution et qu'on la met en oeuvre, c'est une raison de râler qui s'envole.

Soyons réalistes. Quand on entreprend quelque chose, on a immédiatement contre soi ceux qui font la même chose, ceux qui font le contraire, et surtout, ceux qui ne font rien.

Fig. 40 : Je râle, donc je suis.

Les 1001 motopompes

Ou comment apprendre à voler en se jetant d'une falaise.

Nous sommes à la fin 2005.

Depuis quelques semaines, quelques kits de SPAD à souder se répandent et la rumeur remonte jusqu'en Alsace où notre correspondant d'alors s'émoustille de plus en plus de la juteuse exploitation du procédé. Rendons lui l'hommage qu'il mérite. Essayer nos casseroles était méritoire à l'époque. Il avait commencé par son tracteur. Le potentiel était mirifique : au moins cinq mille motopompes dans la plaine d'Alsace, ça inspire le respect. Les premiers SPAD en inox étaient disponibles, il fut procédé à trois essais très concluants.

J'ai dit à David :

- Et si on créait notre société ?
- Euh, bof, j'ai pas envie de m'embêter avec de la parerasse.
- Pour équiper ne serait-ce que mille motopompes discrètement, ça va pas être simple. En plus, je te rappelle que nous sommes chômeurs, ça nous occuperait.
- Très drôle. Tu proposes quoi ?
- Je m'occupe de toute la paperasse.
- OK je lance une série de 100 pièces.
- Bon, 20 ça suffirait pas pour commencer ?
- T'inquiète.
- OK.

Fig. 41 : La création d'entreprise.

On crée la sarl HYPNOW (Help Your Planet NOW) le 3 avril 2006, à Aix-en-Provence.

Quelle erreur.

Trois essais sur cinq mille, ce n'est pas exactement un échantillon représentatif. Très vite, coup de fil sur coup de fil : pas d'économie sur les installations. Un cauchemar. Trop tard pour faire machine arrière. Il faut battre des ailes, sinon on va "aux vaches".

Mais bon sang, pourquoi ça marche dans un cas et pas dans l'autre ? Une seule explication : il y a des caractéristiques des moteurs que nous ne maîtrisons pas il faut rentrer dans le vif du sujet. A cette époque j'avais acheté un bouquin très détaillé sur les moteurs diesel. Je l'ai offert à David. Il nous faudra plusieurs semaines d'enquête et d'études pour commencer à comprendre. Qu'est-ce qui différenciait des autres les trois motopompes ayant eu de bons résultats ? Elles avaient été faites avec des moteurs de... tracteur !

David s'initie à la plongée littéraire et passe de nombreuses heures à potasser ce bouquin en apnée, en me réclamant du café de céréales à chaque page. C'est un peu romancé, mais pas tant que ça. Il faut imaginer la dose de stress...

Soudain, je le vois remonter des grands fonds avec une belle prise et un grand sourire : c'est le régulateur qui est différent ! Le régulateur ! C'est pas le même sur un moteur de tracteur que sur celui d'une motopompe !
Ouf. Une piste. Mais bon sang, c'est quoi encore, cette histoire de régulateur ? Nous vous l'expliquerons en détail à la fin de cet ouvrage.

Un stage chez un diéséliste Bosch spécialisé dans les moteurs industriels s'impose pour éclairer notre lanterne. Notre atelier devient une clinique où nous disséquons des pompes d'injection pour observer le régulateur. Très instructif.

Encore une fois, un événement très négatif nous a fait énormément avancer.

Coulage à tous les étages

Les "facteurs humains", vous connaissez ?

Nous sommes le 6 octobre 2008, David vient de passer 30 minutes au téléphone avec un technicien. Son employeur est le représentant en France d'une grande entreprise japonaise qui fabrique du matériel de travaux publics. Comme d'habitude, le sujet de la conversation est la régulation du moteur. Il n'y pas d'économies, aux dires du client final, nous menons donc l'enquête habituelle. Dressé sur son siège, un peu tendu, David interroge son interlocuteur sur le statisme de la pompe d'injection. Il y a un moteur pas à pas qui actionne trois modes de fonctionnement. Le mode utilisé par le client est celui qui donne le plus de puissance. Celui du "dessous" donne une puissance à peine inférieure, de quelques pour-cent. Rien que le fait de passer de l'un à l'autre permettrait de soulager le régulateur, de le laisser adapter la consommation à la charge, sans une grosse perte de performances. A coups de numéros de série, David finit par avoir l'information dont il a besoin. Il y a un ressort dans le régulateur, un statisme raisonnable, donc on devrait voir une différence sur la consommation. Même seulement 10%.

Bon, qu'est-ce qui cloche, alors ? Se pourrait-il que le chauffeur ait mal mesuré ?

Silence gêné.

- En tous cas, nous, quand on livre une machine, on fait signer un papier au client avec la consommation marquée dessus...

- Quelle consommation ?!
- La consommation ... normale.
- Pourquoi, ce n'est pas la même, "en vrai" ?
- Non, il y a toujours plus. Disons que tout le gasoil n'est pas utilisé dans l'engin.
- Mais enfin, le moteur consomme la même chose ! Il y a des fuites sur vos machines ?
- Ben, les temps sont durs, des fois les employés avec un peu d'ancienneté arrondissent les fins de mois. Et, rapport à leur ancienneté, on leur dit rien, quoi.

Mince.

Cela nous rappelle de mauvais souvenirs. Au tout début, on ne dira pas où, pour ne gêner personne, on a équipé deux balayeuses municipales, avec un SPAD : 40 % d'économies pendant quinze jours. Après plus rien. On vérifie sur place, montage OK.

David se met à bouillir et va se poster au poste à essence, en bleu de travail, la clope au bec, incognito.

Après un quart d'heure de planque, la balayeuse se positionne élégamment devant la pompe, l'air de rien. Et hop, après le plein, "on" met le surplus dans un bidon, afin de ne pas fausser les statistiques habituelles. Et le bidon ? Pour rendre service, "on" le met dans le coffre de la voiture et "on" s'en occupera, ne vous inquiétez pas. Eh oui, c'est du gasoil "blanc", utilisable dans les voitures.

Je débarque dans le bureau du chef, ulcéré, pour m'entendre dire avec résignation :

- Ah, le "coulage" ? Oui, je sais, mais la paix sociale, ça a un prix.

Je reste rarement sans voix, mais alors là, plus de son, plus d'image. C'est joli, "coulage", comme expression. Non ?

David, de retour du Congo, m'explique que là bas, les critères de recrutement sont simples. C'est celui qui vole le moins de gasoil qui a le job. En effet les gardiens de nuit des grandes sociétés revendent le gasoil la nuit aux taxis. Qui leur en voudrait ? Ils gagnent 80 euros par mois.

Mon ami Gérard, à qui j'ai raconté ces anecdotes, éclate de rire.

- Mais, moi, quand j'étais au Maroc et que je faisais une étude sur la consommation des engins, j'ai vu de mes yeux les employés remplir leurs bottes de gasoil et repartir le soir chez eux comme ça ! Un litre par jour , 30 litres par mois …

Moralité, pensez à installer un débitmètre plombé et Wi-Fi si vous voulez la consommation réelle d'une machine avec un économiseur de carburant. Ou alors partagez les économies entre le patron et les employés. Mais sans précaution aucune, ça coule.

Mai 2008

Paris au mois de mai. Robes légères et soleil charmeur, la ballade s'annonce très agréable.

Avec mon ami Christophe, nous faisons du cabotage de café en café pour aller explorer cette librairie technique spécialisée trouvée sur le net. Une fois sur place, le vendeur, mou comme du silicone, m'interroge sur ce qui m'amène.

- Trouvez moi tout ce que vous avez sur les moteurs, les carburants, la pollution etc.

En attendant le résultat de la recherche, en espérant qu'elle aboutisse le jour même, j'erre entre les rayons, la tête à 90° pour lire les titres.

Je tombe sur le Mémento de Technologie Automobile édité par BOSCH, 1230 pages de technique pure. Voilà un joli cadeau pour David. C'est plein de schémas, de pompes, de tableaux. Cela va le mettre dans un état quasi hypnotique. Du coup, j'aimerais bien me ramener un petit cadeau aussi.

Et là surprise, le vendeur revient, l'air moins neutre qu'avant, et me chuchote :

- J'ai trouvé quelque chose, mais c'est en anglais.
- Pas grave, montrez voir...

Je reste stupéfait. Au bout de quelques secondes à peine il ne fait aucun doute que je viens de trouver la bible des procédés de synthèse de carburant et d'amélioration de combustion. Seulement 424 pages… en anglais. Normal que je ne connaisse pas, ça vient de sortir ! L'ouvrage s'appelle "Fuel Processing", de Gunther Kolb.

Je réveille mon vieil ami Christophe à moitié endormi sur une chaise, et nous repartons vers le Faubourg Saint Honoré, à la recherche d'une brasserie accueillante pour feuilleter tout ça.

Ce livre est un électrochoc.

Des dizaines d'équipes travaillent sur le sujet. Il faut foncer et sortir notre réacteur miniaturisé le plus vite possible.

18 août 2008

Cette fois-ci le champagne est ouvert. Le fax de commande du Conseil Général est le premier élément significatif et concret depuis longtemps. Hormis la confiance de nos revendeurs, aucune manifestation vraiment exploitable ne s'était produite. Notre argumentaire était surtout fondé sur les témoignages de nos clients. Difficile de convaincre les plus sceptiques qui nous réclamaient des "preuves". L'enthousiasme et la volonté affichée des Sapeurs Forestiers d'équiper tout le parc signifient certes un peu de chiffre d'affaires, mais surtout une référence de poids qui va générer une excellente publicité. Du coup l'ambiance devient un cran plus sereine.

Il faut dire que, vu de notre côté, l'utilisation de l'eau comme additif dans les moteurs est d'une évidence totale. Il y a tellement d'inventeurs qui l'ont fait ! Mais la mémoire des hommes est courte et nous devons répondre à des a priori du genre :

- Vous n'avez qu'à travailler avec les constructeurs !
- *Ils ne veulent pas.*
- Et puis si ça marchait, ça se saurait !
- *Cela fait un siècle que ça existe.*
- On m'a toujours dit que l'eau, ça casse les moteurs !
- *Alors arrêtez de travailler quand il pleut...*

Heureusement nous avons des témoignages en pagaille, en voici quelques exemples :

M. G, dans le 16, passe de 30 L/h à 21 L/h et constate 30% de puissance en plus sur une moissonneuse Fendt de 250 ch avec une pompe Bosch électronique.

M. L., dans le 67, obtient 40% d'économies sur un Renault Ares 816 de 150 ch avec Pompe Delphi équipé avec un Retrokit E2-70.

M. G., dans le 63, réalise 40% d'économies sur un Massey Fergusson à moteur Perkins de 95 ch avec pompe CAV Lucas équipé avec un SPAD RM90.

Etc.

Merci à tous ceux qui ont pris la peine de communiquer leurs performances. Merci à ceux qui les ont recueillies.

11 septembre 2008

Encore Paris. J'y arrive sans encombres et je file encore au Faubourg St Honoré pour mon rendez-vous un avec avocat spécialisé. La chaleur est étouffante, tropicale. Armé de ma valise sur roulettes, je perds des calories à tracter dans une ambiance de sauna le matériel vidéo et mes affaires personnelles. Idéal pour reperdre un ou deux kilos.

Cette étape juridique, entre autres pour valider la formulation de nos documents, s'est insérée dans mon voyage pour Londres où je dois rejoindre Jean-Pierre et le filmer pendant sa conférence. Les avocats sont un mal nécessaire. Je n'ai rien contre eux, mais leur métier consiste souvent à compliquer les choses pour protéger leur client. Pas notre truc, la complication. En tous cas c'est confirmé une énième fois, mieux vaut rester en dehors du domaine public. On ne touche ni aux voitures, ni aux camions : ça au moins c'est simple et clair.

Mes pensées vagabondent. La rentrée s'annonce bien, mais la crise pointera son nez, tôt ou tard. Notre intuition nous a poussé à profiter de l'été pour achever l'industrialisation du Retrokit Nano sans attendre. C'est ce qui va nous sauver. Si nous ne l'avions pas fait, nous n'aurions pas pu résister au vent de panique de l'automne 2008, qui a paralysé nos ventes pendant trois mois. Nous n'avons vendu que des "Nano" pendant cette période, petits et pas chers…

Le pétrole baisse, l'urgence s'éloigne dans les pays industrialisés. Ailleurs dans le monde la pression du prix des carburants reste un fardeau insupportable. Nous ne réalisons pas notre chance.

Conduire sa voiture, c'est le loisir le moins cher des Français : trois euros de l'heure. Mieux que le ciné.

Tunis

Mardi 20 mai 2008, 129 dollars le baril

A Tunis il n'a pas fait très beau, une succession de giboulées erratiques. Peu importe, nous étions le matin au Ministère de l'Agriculture avec un technicien très curieux de nous rencontrer après l'étonnante rumeur qui est remontée à lui... Un groupe électrogène a vu sa consommation chuter de 21 à 13 litres à l'heure. Le CRDA de Sfax, l'équivalent de la DDE en France, va passer commande pour d'autres installations, et cela commence à se savoir. Ils ont même surnommé le SPAD "chicha", parce que ça fait des bulles.

Bon, nous devions faire une présentation le lendemain à Sfax, justement, à l'occasion de la foire... Mais notre contact, bien que prévenu que nous partions jeudi, a accepté de repousser la réunion à... jeudi. "Mais d'habitude vous partez le vendredi... !?"

En Tunisie on ne prévoit plus rien à l'avance. On y va, et on s'organise sur place. Il faut s'y faire, la logique locale est différente, on vit dans l'instant et demain, c'est très loin. L'avantage c'est que le stress est une notion tout aussi exotique que la certitude. Donc une fois le deuil de l'agenda fait, le séjour est plutôt reposant, et permet de développer d'autres processus de décision, fondés sur l'instinct. Encore que la décision en elle même soit aussi sujette à des interprétations très orientales. La frontière entre le oui et le non demeure changeante. On n'est jamais sûr de rien, ce qui, vu par un optimiste, laisse toujours de l'espoir. En tous les cas, une de nos distractions favorites est de poser des questions fermées pour déguster des réponses improbables, ni vraiment proche du "peut-être", ni vraiment proche du "pas sûr". Un régal, qui nous amuse beaucoup. La réponse standard étant "normalement", qui veut dire "bien sûr, sauf si ce n'est pas possible". On se croirait dans le jeu du ni oui ni non ! Ils sont vraiment très forts.

Cette fois ci notre contact s'est vraiment bien débrouillé, il faut le reconnaître, et tous les efforts consentis vont "normalement" porter leurs fruits. Il y a des centaines de groupes électrogènes à équiper, et nous allons faire une proposition pour une installation pilote sur un bateau de pêche à Sfax. On va carrément proposer de changer le régulateur RQV de la pompe d'injection par un RSV, qui régule mieux (voir le chapitre sur les régulateurs), afin de mettre toutes les chances de notre côté. Dans ce secteur, le gasoil atteint des prix insupportables. Faire des économies, c'est non seulement alléger la facture, mais pérenniser des emplois, respecter les quotas de pêche, et aussi beaucoup moins polluer la Méditerranée. Soyons réalistes, seul le premier argument est vraiment décisif.

Sfax est une grande ville très dynamique, y compris dans l'invention de nouvelles règles de conduite automobile. A Tunis, c'est le plus courageux qui passe, à Sfax, c'est le plus créatif. On comprend mieux à quoi sert un Klaxon. Encore cette Fiat 126 qu'on a doublé douze fois, elle est toujours devant nous ! Mais ce n'est pas possible ! Il passe par dessous ou bien ils sont plusieurs ?

Le chantier naval que nous avions visité la dernière fois était tout aussi surprenant. Disons que les méthodes de construction, pour autant qu'elles soient habituelles, sont probablement en l'état depuis un sacré bout de temps. Les solutions techniques ont au moins le mérite être adaptées au contexte, mais je ne partirais pas en mer sur un rafiot de cet acabit, même neuf, sans une pointe d'appréhension.

On ne retournera pas à Sfax cette fois-ci. Réunion au moment du décollage, pas facile. Du coup, le lendemain, nous allons faire un tour à Hammamet, retrouver notre ami Stéphane, qui passe son premier séjour au pays du "normalement". Nous méditerons ensemble dans la piscine sur la signification réelle de l'expression "bien sûr", dans le cas où elle répond à la question "Est-ce que tout est prêt ?".

Comme à chaque fois qu'on se retrouve à Tunis, le changement de référentiel produit des effets bénéfiques. Idées éclaircies, solutions identifiées, décisions prises.

Fig. 42 : L'eau chaude, ça peut servir pour le thé.

L'Egypte

En 2005, David part en Egypte, pays qu'il connaît bien, pour expérimenter à la faculté des Sciences d'Alexandrie sur un moteur de tracteur, avec deux étudiants Rwandais, Jean et Vincent. Dans des conditions rustiques, la consommation baisse de 35%. Le test a été réalisé avec un protocole simplissime, consistant à accoupler la prise de force du tracteur à un banc hydraulique sans électronique. Le moteur est réglé à 70% de sa charge nominale pour reproduire un fonctionnement normal. Nous obtiendrons une attestation de la faculté concernant ces performances.

Fig. 43 : Test du SPAD à la Faculté des Sciences d'Alexandrie.

26 mai 2008
Je reçois un "sms" de David qui a réussi à obtenir en Egypte une baisse de consommation spectaculaire sur un groupe électrogène

équipé du même moteur Deutz qu'on a passé au banc en France. C'est à n'y rien comprendre. Mais c'est excellent pour le moral. Il y a forcément une explication, il faut chercher du côté du protocole de test, aucun doute.

Evidemment sur place, tout le monde se met à frétiller. Reste à voir comment tout cela va se concrétiser...

Octobre 2008
Nous retournons tous les deux en Egypte. Le Caire est une fourmilière hallucinante qui défie l'imagination. La pollution y est catastrophique.

Des millions de gens respirent en permanence les gaz d'échappement de moteurs dont la vétusté et la robustesse n'ont d'égales que leur gourmandise et leur toxicité. Les règles de conduite sont bien pires qu'à Tunis ou Sfax, c'est surréaliste. Un petit réacteur bien étudié, de la famille Retrokit, sera la réponse idéale à cette débauche de fumées noires, même si la consommation baisse peu. Aucune chance que le parc ne se renouvelle rapidement, le niveau de vie est encore bien trop bas, même si le pays fait preuve d'un dynamisme étonnant dû à la jeunesse de sa population. Nos contacts semblent prêts à concrétiser 3 ans de travail sous la forme d'un partenariat. Mais leurs clients sont les constructeurs automobiles. Vont-ils résister à la crise ?

Nous verrons bien.

Fig. 44 : Le mieux est encore de ne pas consommer du tout de pétrole !

L'argent rend fou

Nous avons appris à discerner cette lueur troublante qui voile le regard de celui qui, mentalement, convertit les économies de carburant en monnaie sonnante et trébuchante. Les dollars défilent devant ses yeux comme sur l'afficheur d'une machine à sous. Les profits gigantesques potentiellement générés par le moindre pourcent d'économie de carburant provoquent des transes inquiétantes.

Il est extrêmement difficile de rémunérer une installation proportionnellement à l'économie, et ce, pour deux raisons. Tout d'abord la simplicité du produit lui-même conduit à un prix de vente qui est sans commune mesure avec le montant potentiel des gains sur plusieurs années. Deuxièmement, et comme corollaire, la tentation de céder au lucratif "coulage" induit à coup sûr des dérives qui sont des sources de conflit entre le client et l'installateur. La consommation doit être mesurée sans aucune ambiguïté, et ne laisser place à aucune contestation possible. Mission quasi impossible.

C'est ce qui provoque le plus de déception chez ceux qui ont pensé devenir facilement millionnaires en claquant des doigts.

Début 2008, un Allemand nous achète un kit pour un essai et nous demande si il peut distribuer nos produits, mais sous sa marque à lui, pour des raisons de marketing, patati et patata. Bon, a priori pourquoi pas, étudions la question. En principe les allemands sont plutôt rigoureux. A sa demande David part en Allemagne faire l'installation et se rend compte avec stupéfaction que le montage a été vendu cent mille euros, sans citer Hypnow, sous la forme d'un contrat rémunéré en regard de l'économie supposée, et avant même que le test ne soit fait. Une pure folie. Comble de malchance pour le client, les économies se sont révélées ridicules car son groupe électrogène, relié au réseau électrique, ne pouvait pas réguler, sa vitesse de rotation étant quasi invariable.

Nous sommes maintenant très vigilants avec nos partenaires potentiels. On commence par regarder s'ils n'ont pas un aileron dans le dos et on vérifie s'ils font la différence entre une clef de douze et une râpe à fromage.

Fig. 45 : A qui avons-nous affaire ?

Hypnow dans tout ça ?

Nous voulons développer des techniques écologiques pour en faire des produits **concrets**. Coûte que coûte, même si le décollage est lent et difficile, même si la crise nous met des bâtons dans les roues.

Nous revendiquons :

- Le premier plan coté "professionnel" gratuit à disposition des bricoleurs.
- Le dimensionnement d'un réacteur standard facile à installer et à utiliser.
- La volonté d'industrialiser pour diffuser.
- La recherche permanente de solutions permettant la diffusion au meilleur prix.
- La compréhension des critères de bon fonctionnement (notamment un taux de charge élevé et un faible statisme)
- Une méthode de pré-diagnostic des moteurs au cas par cas.
- La mise au point d'un réacteur miniature constitué de tubes, perpendiculaire au pot d'échappement, ce qui n'avait jamais été fait à notre connaissance.

Dans les chapitres suivants, nous allons rentrer dans le détail de ce qu'il faut savoir pour utiliser notre procédé, ou d'autres poursuivant le même objectif.

En effet, si le produit est simple, sa mise en œuvre l'est beaucoup moins.

Troisième Partie

INFORMATIONS CONCRETES

Le moteur Diesel

Abondamment décrit dans la littérature technique, comme dans le livre de Weber par exemple, le concept de Rudolf Diesel est un grand classique de la motorisation moderne.

Comme le moteur thermique à essence, le moteur Diesel est constitué de pistons coulissant dans des cylindres, fermés par une culasse reliant les cylindres aux collecteurs d'admission et d'échappement et munie de soupapes commandées par un arbre à cames.

Son fonctionnement repose sur l'auto-inflammation du gazole (gasoil), fuel lourd ou encore huile végétale brute, dans de l'air comprimé à l'intérieur du cylindre (rapport volumétrique de 16/1 à 28/1), et chauffé entre 700°C et 900°C. Sitôt le carburant injecté (pulvérisé), celui-ci s'enflamme presque instantanément, sans qu'il ne soit nécessaire de recourir à un allumage commandé par bougie. En brûlant, le mélange augmente fortement la température et la pression dans le cylindre (de 35 à 55 bar pour les moteurs atmosphériques et de 80 à 110 bar pour les moteurs turbocompressés), repoussant le piston qui fournit une force de travail sur une bielle, laquelle entraîne la rotation du vilebrequin (ou arbre manivelle faisant office d'axe moteur ; voir système bielle-manivelle).

Le cycle Diesel à quatre temps se décompose comme suit :

1. admission d'air par l'ouverture de la soupape d'admission et la descente du piston ;

2. compression de l'air par remontée du piston, la soupape d'admission étant fermée ;

3. injection - combustion - détente : peu avant le point mort haut on introduit, par un injecteur, le carburant qui se mêle à l'air comprimé. La combustion rapide qui s'ensuit constitue le temps moteur, les gaz chauds repoussent le piston, libérant une partie de leur énergie. Celle-ci peut être mesurée par la courbe de puissance moteur ;

4. échappement des gaz brûlés par l'ouverture de la soupape d'échappement, poussés par la remontée du piston.

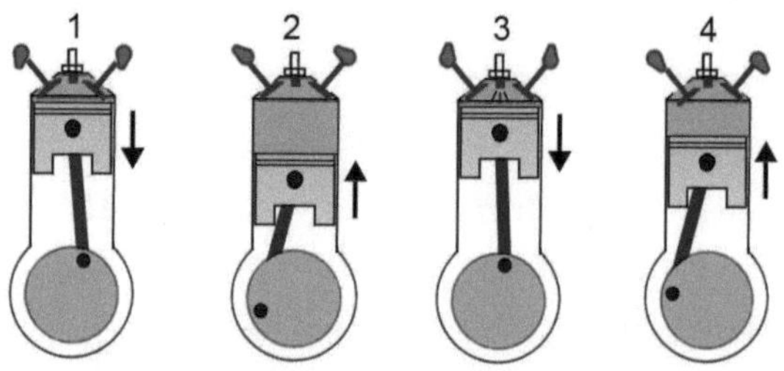

Fig. 46 : Les quatre temps du moteur Diesel.

La combustion du carburant (oxydation vive de l'hexadécane) par l'oxygène (appelé en chimie "dioxygène") présent dans l'air est une réaction chimique qui dégage de la chaleur plus des résidus de combustion. L'équation parfaite de la combustion diesel du gazole est la suivante :

$$2\,C_{16}H_{34} + 49\,O_2 = 32\,CO_2 + 34\,H_2O$$

Soit en bon français : hexadécane plus dioxygène donnent dioxyde de carbone plus eau.

En pratique on considère qu'il faut prévoir 30 g d'air pour brûler 1 g de combustible

En raison de conditions de combustion qui ne sont jamais idéales et de la composition même du carburant, le processus de combustion génère en plus un certain nombre de constituants :

• Hydrocarbures imbrûlés (HC, valeur mesurée en ppm*)
• Oxydes d'azote (NOx, valeur mesurée en ppm)
• Monoxyde de carbone (CO, valeur mesurée en ppm)
• Oxygène (O_2, valeur mesurée en %)
• Particules (suies noires, opacité)

*ppm : partie par million, soit un millionième.

Les fameux NOx (NO et NO_2) proviennent de l'oxydation de l'azote de l'air lors d'une combustion à température élevée. Ce sont des polluants toxiques et irritants. Sous l'effet du soleil, ils se transforment l'oxygène en ozone, un gaz oxydant toxique, irritant pour les voies respiratoires et les yeux. Lorsqu'on mesure les émissions des gaz d'échappement, la présence d'oxygène en excès (mélange pauvre) induit la présence de NOx.

Le moteur est un transformateur d'énergie chimique en énergie mécanique. Le rendement d'un moteur est le rapport entre l'énergie mécanique restituée et l'énergie fournie au moteur (énergie chimique contenue dans le carburant). Il est important d'optimiser ce rendement pour éviter la déperdition d'énergie, particulièrement dans un contexte de développement durable. Gunther Kolb (auteur de "Fuel Processing") précise que le rendement apparent d'un véhicule en circulation urbaine tombe à 12 voire 8%.

Dans des conditions optimales de fonctionnement, le rendement d'un moteur Diesel est de 35 à 38% (42 % pour les nouveaux moteurs à rampe commune "common-rail"). C'est-à-dire, qu'en moyenne, un tiers de l'énergie fournie par le carburant est transformée en énergie utile pour faire avancer le véhicule, le reste étant principalement dissipé en chaleur dans l'atmosphère. Ces conditions optimales correspondent cependant à une utilisation du moteur à charge élevée.

Le moteur Diesel est à son meilleur rendement quand il est utilisé :
• à son régime de couple maximal.
• à charge élevée (voir chapitre "Taux de charge").

La pompe d'injection

Une fois qu'un moteur diesel équipé d'une pompe d'injection mécanique est en marche, la seule façon de l'arrêter est de couper l'arrivée de carburant. Il peut fonctionner sans batterie et sans alternateur. C'est alors la pompe d'injection qui entraîne le moteur plutôt que le contraire.

Cet organe est d'une conception très complexe. Cependant, comparée aux systèmes d'injection récents de type "rampe commune", la bonne vieille pompe est un "Meccano" que l'on peut toujours ouvrir et réparer. Sa simplicité réside dans le peu de moyens à mettre en œuvre pour en assurer la maintenance.

Son rôle est d'injecter dans les chambres de combustion du moteur le carburant nécessaire à son bon fonctionnement, au bon moment, et en quantité appropriée.

La pompe d'injection est constituée de pièces mécaniques relativement simples mais très bien ajustées, assemblées avec astuce en un mécanisme qui est lubrifié par le carburant. Dans l'éclaté ci-dessous on prend d'ailleurs conscience des dangers de remplacer le gasoil par de l'huile végétale sans de sérieuses précautions.

Par exemple, les pompes rotatives CAV / Lucas (Rotodiesel) de type DPA ont équipé la plupart des moteurs Perkins depuis les années 1970 jusqu'à mi 90. De nos jours, ces pompes équipent des moteurs neufs réservés à l'exportation, surtout dans les pays en voie de développement.

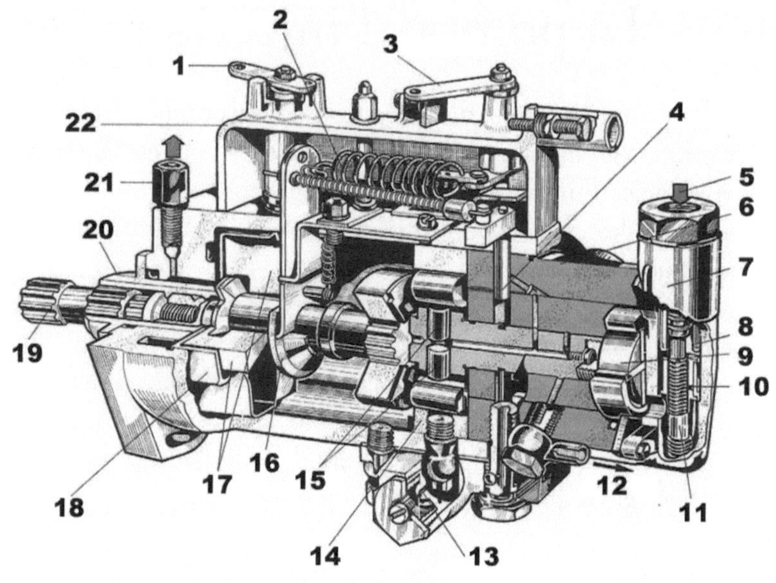

Fig. 47 : Pompe Lucas type DPA.

1.   Stop
2.   Régulateur mécanique
3.   Levier de vitesse
4.   Soupape de dosage
5.   Admission de gazole
6.   Tête hydraulique
7.   Couvercle
8.   Filtre nylon
9.   Pompe de transfert
10.   Chemise de soupape régulatrice
11.   Piston de régulation
12.   Vers injecteur

13.   Dispositif d'avance automatique
14.   Anneau à cames
15.   Pistons
16.   Manchon
17.   Masselottes
18.   Cage
19.   Arbre cannelé
20.   Manchon d'entraînement cannelé
21.   Retour de gazole
22.   Capot

Les avantages de ces pompes sont :
- réparation simple et économique par des pièces détachées adaptables.
- résistance aux carburant de mauvaise qualité.
- réglage très facile du ressort de régulation.

C'est le régulateur à masselottes de la pompe d'injection qui limite la quantité de carburant à injecter, en fonction du souhait de l'utilisateur et/ou du taux de charge du moteur.

Le taux de charge

Fig. 48 : Le taux de charge est un critère majeur.

La notion de taux de charge que nous utilisons est le rapport entre la puissance réelle utilisée et la puissance maximum que le moteur peut fournir. Il est le plus souvent compris entre 30% et 90% .

30% correspond à une charge très faible, c'est-à-dire que la consommation est proche du débit minimum (moteur sans charge) et donc ne pourra pas être diminuée par le régulateur.

50% correspond à une utilisation normale préservant la durée de vie du moteur.

90% correspond à une charge maxi, c'est-à-dire que la consommation est proche du débit maximum et donc pourra être corrigée par le régulateur ou l'accélérateur.

Le taux de charge dépend de trois paramètres :

Le premier paramètre est la **consommation horaire**, calculée en litres par heures. Attention pour les véhicules routiers, la consommation est mesurée en litres par 100 Km, donc il faut multiplier la consommation par la vitesse moyenne horaire et diviser par 100 (vitesse moyenne pour une voiture : 50 à 60 Km/h sur nationale, 110 Km/h sur autoroute et 70 Km/h pour poids lourd). Par exemple : une voiture diesel consommant 8 L pour 100 Km à 60 Km/h de moyenne, soit 8 x 60 / 100 = 4,8 L/h.

Le deuxième paramètre est la **puissance nominale** (P max) du moteur en ch (ch est l'abréviation de "cheval vapeur", on parle de puissance en "chevaux"), cette donnée est sur la fiche technique du constructeur. La puissance est de plus en plus souvent exprimée en kW, la conversion étant la suivante : 1 ch = 0,736 kW.

Le troisième paramètre est la **consommation spécifique** (Cs) du moteur, en g/kW.h. En général et afin de simplifier les calculs, on choisit :
- 230 g/kW.h pour les moteurs à injection mécanique.
- 195 g/kW.h pour les moteurs à injection électronique à rampe commune dits "common rail".

Conversion d'unité de la consommation spécifique en L/ch :

A température ambiante, 1 Litre de gazole pèse 0,85 kg, donc 240 g/kW.h équivaut à 0,207 L/ch et 195 g/kW.h équivaut à 0,167 L/ch.

Formule du Taux de charge (Tc) :

$$Tc = \text{Consommation horaire (L/h)} \times 100$$
$$/ (\text{Puissance nominale (ch)} \times \text{Consommation spécifique (L/ch)})$$

Concrétisons ces formules par quelques exemples :

1) Tracteur (injection mécanique) d'une puissance maxi de 85ch consommant 8L/h : Tc = 8 / (85x0,207) x 100 = 45%

2) Tracteur (rampe commune) d'une puissance maxi de 180ch consommant 22L/h : Tc = 22 / (180x0,167) x 100 = 73%

3) Voiture (rampe commune) d'une puissance maxi de 90ch, roulant à 60km/h de moyenne et consommant 6,5L/100km : Tc = (6,5x60/100) / (90x0,167) x 100 = 26%

4) Camion (rampe commune) d'une puissance maxi de 480ch, roulant à 70km/h de moyenne sur autoroute et consommant 35L/100km : Tc = (35x70/100) / (480x0,167) x 100 = 30%

5) Groupe électrogène (injection mécanique) d'une puissance moteur de 70ch et génératrice de 36kW consommant 7L/h : Tc = 7 / (70x0,207) x 100 = 48%

Formule simplifiée du taux de charge pour les moteurs diesel à injection mécanique :

1/0,207 = 4,83 arrondi à 5 donc :

$$Tc = \text{Consommation horaire (L/h)} \times 5 \times 100$$
$$/ \text{ Puissance nominale (ch)}$$

Formule simplifiée du taux de charge pour les moteurs diesel à injection électronique, à rampe commune (common rail) :

1/0,167 = 5,98 arrondi à 6 donc :

$$Tc = \text{Consommation horaire (L/h)} \times 6 \times 100$$
$$/ \text{ Puissance nominale (ch)}$$

L'économie due au Retrokit ou autre est variable suivant le taux de charge en raison de l'existence d'un **minimum** de carburant injecté pour une vitesse de rotation donnée. Sur le graphique suivant on part de l'hypothèse que l'économie réalisée correspond environ à la moitié de la partie variable de la consommation. Cette économie va se traduire en pourcentage de la consommation (en L/h) de façon différente suivant le taux de charge durant une phase de travail donnée. Les valeurs, bien que réalistes, sont données à titre d'exemple didactique et ne viennent pas d'un cas réel.

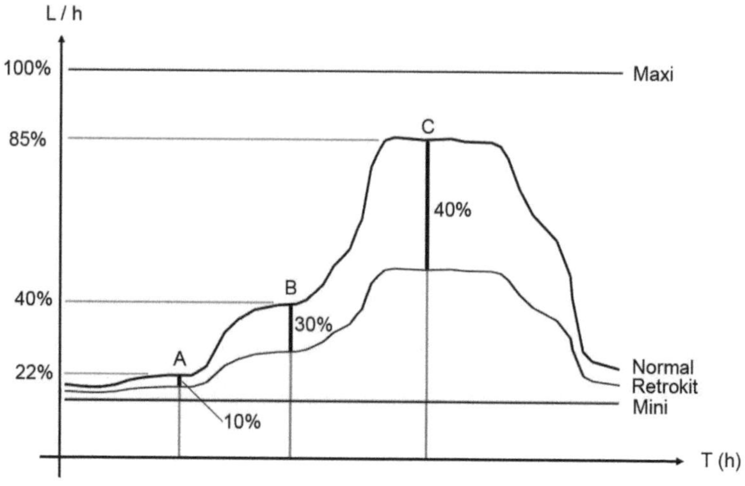

A : taux de charge 22%, économie 10 %
B : taux de charge 40%, économie 30 %
C : taux de charge 85%, économie 40%

Fig. 49 : L'impact du taux de charges sur les économies potentielles.

On comprend mieux pourquoi il est si difficile de faire des économies avec une voiture de 90 ch qui consomme 6 L / 100 sur nationale à la moyenne de 50 Km/h. Cela fait 3 litres par heure, soit un taux de charge de 15 % environ. Il vaut mieux une petite voiture, d'environ 50 ch, dont on peut solliciter le moteur à 50% de sa charge !

Régulateur de vitesse de la pompe d'injection

Le rôle principal du régulateur de vitesse est de limiter la vitesse maximale à vide (sans charge). Les moteurs diesel fonctionnent généralement avec un excès d'air (sauf en pleine charge) donc en cas de modification de la charge appliquée au moteur, il est nécessaire de faire varier également la quantité de combustible injecté, afin que la vitesse de rotation ne varie pas en dehors des limites fixées par le constructeur ou imposées par l'utilisateur.

Dans notre cas, le régulateur doit adapter le dosage du carburant injecté suivant différents paramètres :

• le type de régulateur ("mini-maxi", ou "toutes vitesses").
• la position du levier de commande (accélérateur).
• la vitesse de rotation du moteur.
• la pression de suralimentation.

On distingue les régulateurs :

• à commande mécanique par masselottes ou billes (régulateurs centrifuges),
• à commande pneumatique, à dépression,
• à commande hydraulique par pompes à engrenages,
• à assistance électronique (pour groupes électrogènes et certains engins récents).

Fig. 50 : La régulation est indispensable.

Le régulateur Mini-maxi

Le régulateur "Mini-Maxi" n'intervient qu'au ralenti et dès que la vitesse maximale du moteur est atteinte. Dans la plage intermédiaire, ce type de régulateur n'a pas de courbe de régulation (absence de statisme), donc le couple ou le régime est uniquement déterminé par la position de la pédale d'accélérateur.

On trouve ce type de régulateur sur les véhicules routiers (voitures, utilitaires, bus, camions).

Dans ce cas, le comportement du moteur équipé du Retrokit ou d'un système similaire dépendra non seulement du taux de charge, mais surtout de la conduite du chauffeur.

Soit le chauffeur tend à maintenir le comportement initial du véhicule, alors l'accélération et la vitesse seront identiques, donc en réduisant la course de l'accélérateur il fera des économies de carburant.

Soit le chauffeur positionne son pied comme avant pendant les phases d'accélération et mettra moins de temps pour atteindre la vitesse désirée, alors la consommation de carburant ne changera pratiquement pas rapportée au nombre de kilomètres parcouru, mais il y aura une augmentation de puissance et un gain de temps.

Le régulateur "toutes vitesses"

Dans le 29ème tome de "La Nature", en 1912, il est décrit dans la rubrique Automobilisme, à la page 51, le principe du régulateur centrifuge à masselotte, reproduit ci-dessous. C'est la tringle T qui, en se déplaçant, agit sur la quantité de carburant injecté.

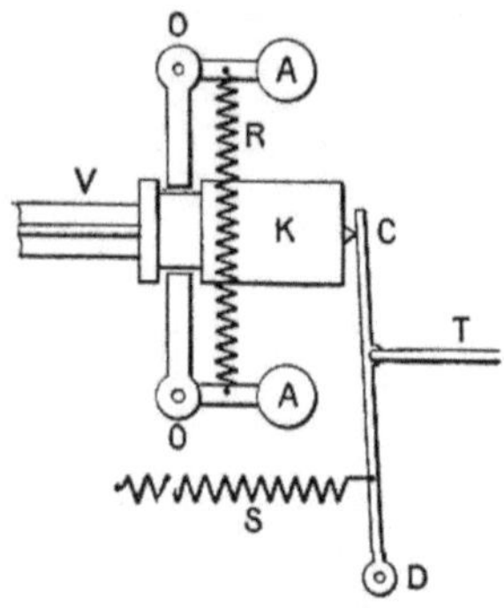

A : boules des leviers ; C : levier commandé par le manchon ; D : axe du levier C ; R : ressort de rappel des leviers à boules ; S : ressort antagoniste ; T : tringle de l'appareil modérateur ; V : vilebrequin ; O : leviers du régulateur ; K : manchon coulissant sur V.
Fig. 51 : Principe du régulateur à masselottes.

Le régulateur "Toutes-Vitesses" moderne assure le maintien d'un régime de rotation situé dans la gamme "ralenti - vitesse maximale" en accord avec le levier de commande (accélérateur) permettant de choisir cette vitesse demandée. A chaque position du levier correspond un régime bien déterminé qu'un système de masses centrifuges (injection mécanique) maintiendra constant et cela quelles que soient les variations de la charge du moteur.

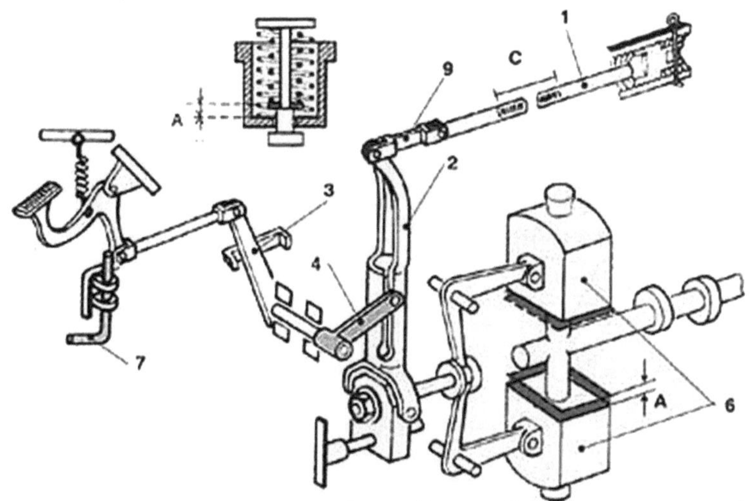

1. Tige de réglage, 2. Levier de réglage, 3. Levier de commande,
4. Coulisseau, 5. Axe d'articulation, 6. Masselotte, 7. Axe,
8. Guide, 9. Chape de liaison.

Fig. 52 : Un exemple concret de cinématique.

On trouve ce type de régulateur sur les tracteurs agricoles, les engins de chantier, les engins forestiers, les bateaux, les motopompes, les groupes électrogènes (autonomes), les moteurs fixes.

Les régulateurs mécaniques "toutes vitesses" sont donc généralement des régulateurs centrifuges entraînés par l'arbre à cames de la pompe d'injection. Les masselottes (6) agissent sur le ou les ressort(s) de régulation et sont reliées à la tige de réglage par une tringlerie. En fonctionnement stationnaire, les forces centrifuges et les forces élastiques des ressorts s'équilibrent. La tige de réglage adopte alors la position propice à une alimentation en carburant qui correspond à la puissance du moteur à ce point de fonctionnement. Si la vitesse de rotation diminue suite par exemple à une augmentation de la charge, la force centrifuge diminue et les ressorts de régulation positionnent les masselottes, et donc la tige de réglage pour une alimentation accrue en carburant jusqu'au retour de l'équilibre.

Fig. 53 : Régulateur Bosch RSV à masselottes.

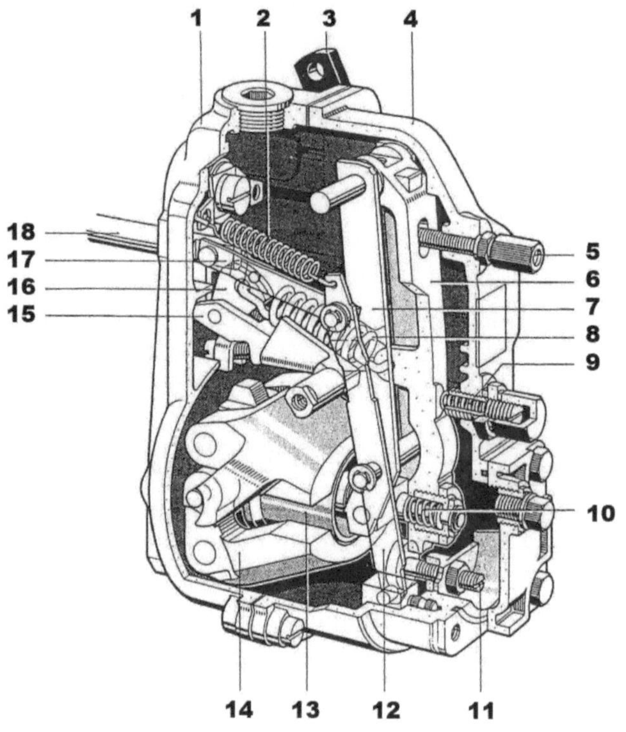

Légende :

1.   Carter de régulateur
2.   Ressort de démarrage
3.   Levier de commande
4.   Couvercle de régulateur
5.   Butée "stop" ou de ralenti
6.   Levier de tension
7.   Levier de guidage
8.   Ressort de régulation
9.   Ressort additionnel de ralenti
10.   Ressort de correction de débit ou de ralenti
11.   Butée de pleine charge (débit d'injection)
12.   Levier de réglage
13.   Douille de guidage
14.   Masselotte
15.   Levier pivotant
16.   Basculeur
17.   Patte de jonction
18.   Tige de réglage

Statisme

Le régulateur "toutes vitesses" se caractérise essentiellement par la pente de sa courbe de régulation ou statisme (exprimé en %). Plus le statisme est faible, plus le régulateur respecte une vitesse donnée.

Fig. 54 : Il faut absolument contrôler le statisme.

Des valeurs de 5 à 10% sont courantes pour les régulateurs "toutes vitesses" de moteur d'engins agricoles, de chantier ou de moteurs fixes, sauf pour les groupes électrogènes pour lesquels il doit y avoir de faibles variations de fréquence afin d'éviter la détérioration des appareils électriques branchés ; dans ce cas le statisme est de 0,5 à 6%. Le statisme des régulateurs électroniques est compris entre 0,5 et 2% alors qu'il est de 3 à 6% pour les régulateurs mécaniques.

Prenons l'exemple d'un groupe électrogène (50Hz, 1500 tr/min) avec un régulateur "toutes vitesses" dont le statisme est 2%. Le régulateur doit donc stabiliser le régime de rotation entre 1530 et 1470 tr/min soit +/-2% quelle que soit la charge. Si le régime de rotation du moteur se trouve en dehors de cette zone alors le régulateur modifiera le débit de carburant jusqu'au respect de la consigne "1500 tr/min +/-2%" sans agir sur l'accélérateur.

Lorsque le moteur fonctionne en charge, le gaz de synthèse, apporté par le Retrokit ou dispositif équivalent, a pour effet d'augmenter le régime de rotation du moteur, ou la puissance, de 7 à 10%. Suivant ses réglages, le régulateur réagit alors de deux façons.

Soit son statisme est **trop élevé** et ne détecte pas l'augmentation de régime, alors il n'y a aucune réduction de carburant et seulement une augmentation de puissance, qui ne sera pas toujours détectée ou convertie suivant le système entraîné (groupe hydraulique avec clapets de régulation, motopompe, hélice de bateau).

Soit son statisme est faible et détecte l'augmentation de régime, alors le régulateur corrigera en permanence le débit de carburant injecté afin de stabiliser le régime demandé.

Il est possible de modifier le statisme d'un régulateur par le changement du ressort, la modification de la position du ressort, modification de la tension du ressort, ou par le changement de la variable du statisme ("droop" en anglais) dans la programmation des injections à rampe commune.

Protocoles de test

On a vu les difficultés à obtenir la validation des économies par des tests instrumentés. Donnons un éclairage sur cette problématique.

Les bancs de test utilisés en agriculture ont pour vocation de déterminer la puissance maximale et le couple maximal. Il est naturel, en poursuivant ce but, de pousser le moteur dans ses retranchements. Mais en forçant le moteur à son maximum on empêche le régulateur de jouer son rôle. La quantité de carburant injecté ne peut pas baisser car on est tout simplement en limite de régulation et souvent en débit de pleine charge. Dans le meilleur des cas on observe à la suite d'une installation du Retrokit (ou autre) une légère augmentation de puissance, de l'ordre de 5%. Il arrive même que la pollution augmente car on injecte alors trop de carburant, qui peut rester imbrûlé.

Pour reproduire le fonctionnement normal d'un moteur sur de tels bancs il faut diminuer le taux de charge pour permettre au régulateur de "travailler". *

En tous les cas, il faut absolument que la vitesse puisse varier, et pour cela le banc doit garder le couple constant et non la puissance ou la vitesse.

En ce qui concerne les groupes électrogènes, seuls ceux qui ne sont pas raccordés au réseau peuvent faire des économies. En effet le réseau électrique impose carrément au groupe la vitesse de rotation pour garantir une très grande stabilité de fréquence.

Là encore, si régulateur il y a, celui-ci ne peut littéralement "rien faire".

En janvier 2009, à Prague, nous avons effectué un test sur un groupe électrogène utilisant un moteur essence converti au gaz. Ce groupe était raccordé au réseau et nous avons une fois de plus constaté que, dans ce cas, on ne fait aucune économie.

Lors du même déplacement nous avons effectué un test à l'université de Liberec, sur un moteur Zetor avec un statisme élevé proche de 12% ; raccordé à un banc hydraulique récent Schenck Dynabar. Nous n'avons constaté aucun changement alors que le même moteur, monté sur un tracteur, donne 20% d'économies dans les mêmes conditions de charge. C'est une situation comparable à l'essai du moteur Deutz 3 cylindres. On constate les économies en fonctionnement réel, mais pas au banc.

C'est un réel problème pour le développement de cette technique car **tous** les partenaires nous réclament des preuves, et c'est bien normal.

** En 2013, nous avons fait un test concluant sur banc freiné à puissance constante, l'économie étant visible à la fois à la mesure de débit délivrée par la prise OBD et à la position de la pédale d'accélérateur ("load"). En conclusion un test **réussi** sur véhicule nécessite une puissance constante (vitesse et couple du banc freiné fixes), à l'inverse d'un test sur moteur agricole avec un régulation toutes vitesses.*

Historique des réacteurs

La première version est évidemment proche de celle de Pantone. Elle présente un inconvénient majeur parmi d'autres : la tige en acier rouille à cause de la condensation pendant les phases d'arrêt, ce qui donne une durée de vie d'une centaine d'heures environ. De plus personne ne savait vraiment quelles dimensions adopter, il a fallu tâtonner. Enfin l'installation dans un pot d'échappement nécessite de souder, ce qui est limitant dans la plupart des cas.

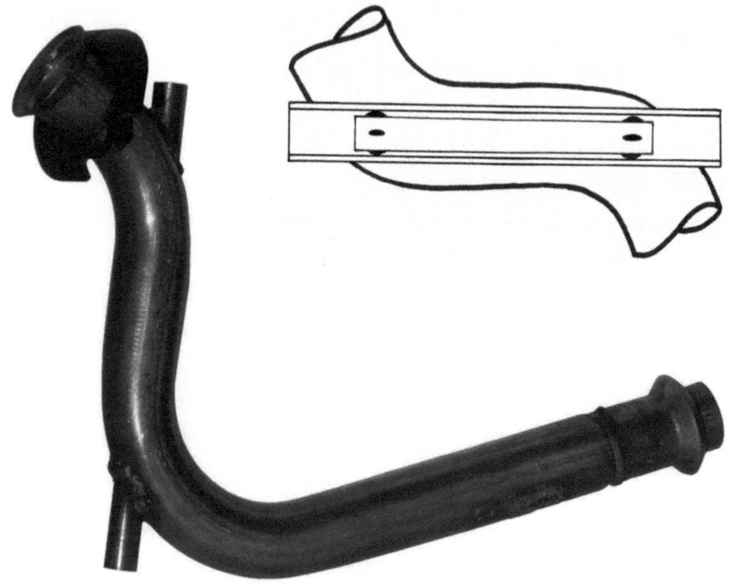

Fig. 55 : Version 1.

La deuxième version, mise au point pour le SPAD consiste à utiliser un rondin en acier inoxydable pour éviter la formation de rouille dans l'interstice entre le réacteur et le tube. On conserve deux longueurs en acier standard pour maintenir la fonction "ferromagnétique". Ces tiges de faible diamètre, rouillent "raisonnablement" et surtout la rouille ne vient pas boucher le réacteur. Les triangles de centrage, également en acier, sont des pièces en tôle simple, découpées au laser.

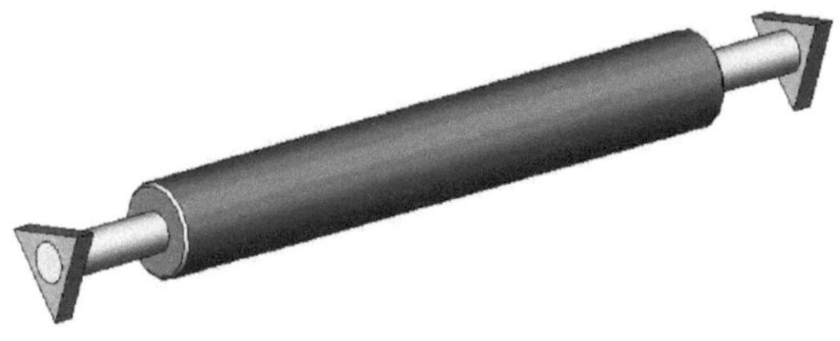

Fig. 56 : Version 2.

La troisième version est un réacteur tout inox dans lequel on insère un noyau en acier ferromagnétique. Les triangles sont affinés, et disposent d'un trou taraudé pour des installations démontables. C'est la version luxueuse et chère de la précédente.

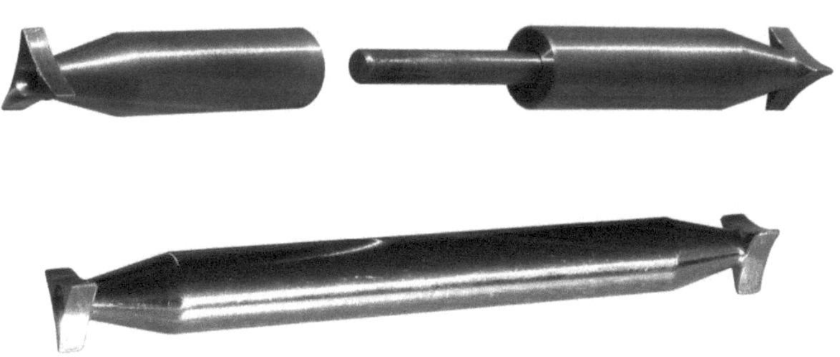

Fig. 57 : Version 3.

La quatrième version présente un saut conceptuel dicté par la volonté de pouvoir insérer facilement un réacteur dans un pot d'échappement, sans soudure. On revient au bullage séparé avec la famille "Retrokit série E" pour faciliter les installations. L'idée et de rentrer et sortir du réacteur au même endroit, ce qui suppose un aller retour. On en profite pour standardiser le réacteur, dont le nombre augmente avec la puissance du moteur. Il y a donc deux tubes et au centre un rondin fabriqué dans un alliage qui est à la fois inoxydable, ferro magnétique, et catalyseur.

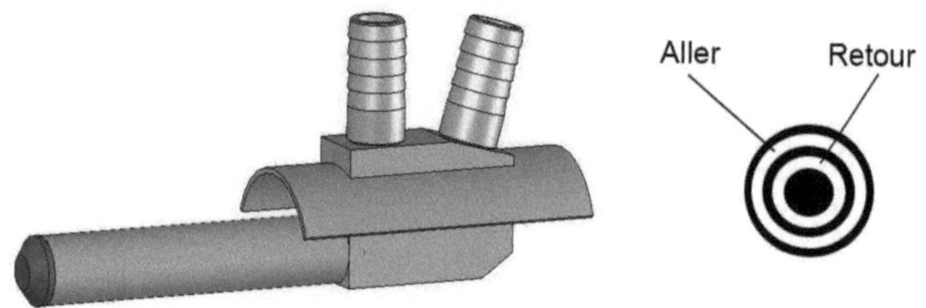

Fig. 58 : Version 4.

La cinquième version permet de franchir l'obstacle de la taille. Le plus petit Retrokit de la série "E" (baptisé E1-45) étant inadapté pour les petites puissances, nous décidons donc de n'utiliser que des tubes, en "perçant" le rondin central en alliage spécial.

Fig. 59 : Version 5.

La petitesse obtenue nous incite à tester un montage perpendiculaire et sans soudure, avec une simple perceuse et un écrou. Les économies étant toujours au rendez-vous, nous venons d'inventer le "Nano", réacteur catalytique miniature !

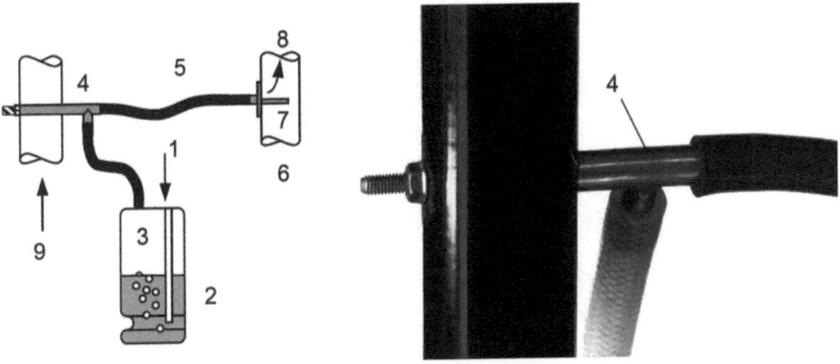

Fig. 60 : Le Retrokit Nano à montage perpendiculaire.

L'air ambiant (1) est aspiré dans le bulleur pour former de l'air humide (3) en passant dans l'eau (2). Cet aérosol est transformé par le réacteur (4) en un gaz de synthèse (5) qui est mélangé à l'air venant du filtre à air (6) par le diffuseur (7) en direction de l'admission du moteur (8) avant le turbo. Les gaz d'échappement (9), dépollués, fournissent l'énergie nécessaire à la transformation.

Cette version rompt avec les habitudes des "pantonistes" : plus de parallèlisme aux gaz d'échappement, plus de rodage, plus de tige centrale, une version plate à chicanes en 2010 fonctionnant par simple contact avec le pot d'échappement ! C'est une grande étape dans la recherche de simplicité, d'efficacité et de démocratisation. On peut bien sûr l'utiliser pour un montage de type "tondeuse" décrit dans la première partie. Il peut aussi servir de générateur de vapeur pour les accros de la cafetière et du détartrage !

Les plans du SPAD

"Système Périphérique d'Amélioration Dynamique"

Le SPAD, optimiseur compact de performances des moteurs essence et diesel, est un kit fonctionnant à l'eau et facilement adaptable sur tracteurs, groupes électrogènes, motopompe, engin TP..., pour moteurs atmosphériques ou turbo et à refroidissement à air ou liquide.

L'ordre de grandeur de l'économie de carburant, constatée par les utilisateurs, est de 10 à 30% (parfois bien plus), variable suivant les installations et les conditions de fonctionnement (température, temps d'utilisation, variation de régime, charge du moteur…).

Cette notice vous propose les détails d'un exemple de SPAD simplifié pour moteurs diesel d'une puissance comprise entre 30 et 80ch ou pour moteurs diesel multicylindres d'une cylindrée maxi de 4000 cm3 au régime maxi de 2500 tr/min. La contenance du bulleur est d'environs 8 litres d'eau et permet une autonomie de 4 à 8 heures suivant les conditions de fonctionnement.

Nomenclature :

Rep.	qté	désignation	dimensions	matière
1	1	réacteur Ø14	Ø14x100	inox 316L (ou 304L)
2	2	centreur Ø17	Ø17 ép 3	acier
3	1	tube 1/2"	Ø21,3 ép 2 lg : 270	inox 316L (ou 304L)
1 bis	1	réacteur Ø15	Ø15x100	inox 316L (ou 304L)
2 bis	2	centreur Ø18	Ø18 ép3	acier
3 bis	1	tube 1/2"	Ø21,3 ép 1,6 lg : 270	inox 316L (ou 304L)
4	2	tige	Ø6x30	acier stub
5	1	tôle de fond	200x200x2	tôle acier ép2
6	1	tôle de dessus	200x200x2	tôle acier ép2
7	1	chicane	100x50x2	tôle acier ép2
8	1	flan gauche	300x200x2	tôle acier ép2
9	1	tôle arrière	300x200x2	tôle acier ép2
10	2	tôle avant et flan gauche	300x200x2	tôle acier ép2
11	1	U d'échappement	300x(150)x2	tôle acier ép2
12	1	tube de remplissage	3/4"x150	tube acier
13	1	tube de bullage	3/4"x150	tube acier
14	1	coude 3/4"	3/4"-90-3D	tube acier
15	2	coude 1/2"	1/2"-90-3D	tube acier
16	2	demi-mamelon 1/2"	1/2"x30	tube acier

Fig. 61 : **Plans de détail des réacteurs du SPAD.**

Il y a quatre possibilités de réacteurs suivant les matériaux (inox 304l ou 316L) et les dimensions (Ø14 ou Ø15) disponibles .

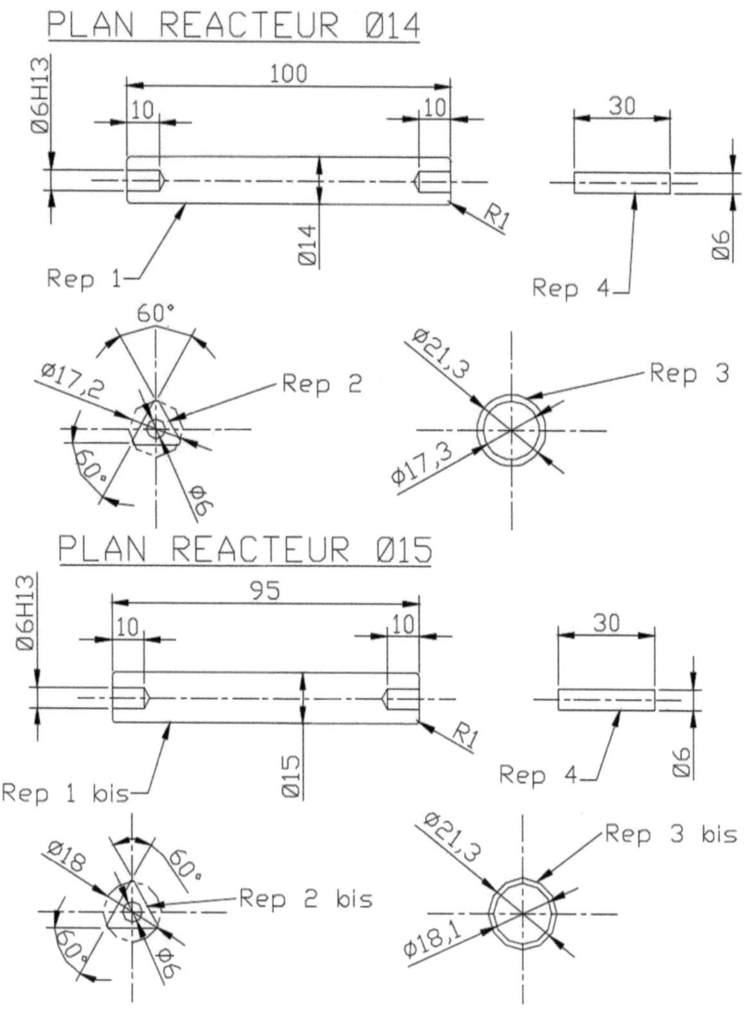

Fig. 62 : Vues transparentes et éclatées du SPAD.

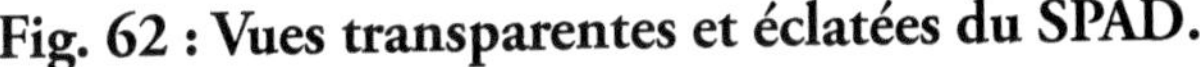

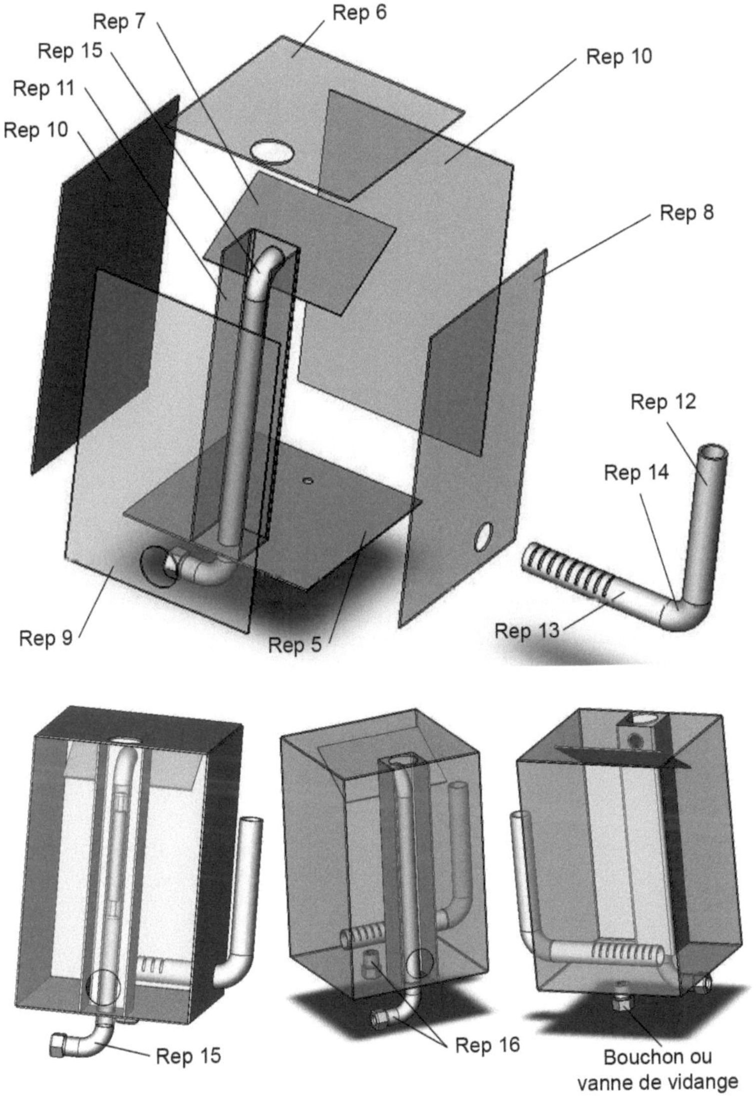

Fig. 63 : Vue 2D en coupe.

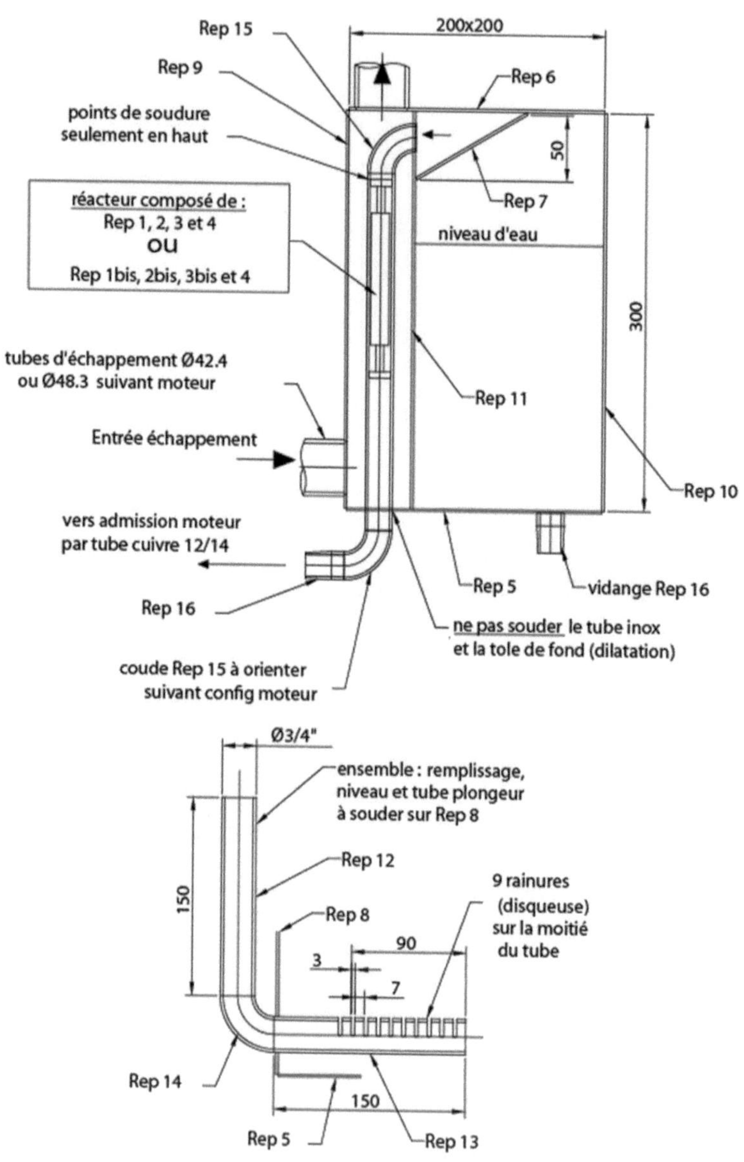

Fig. 64 : Détail des tôles Rep 5, 6, 8 et 9.

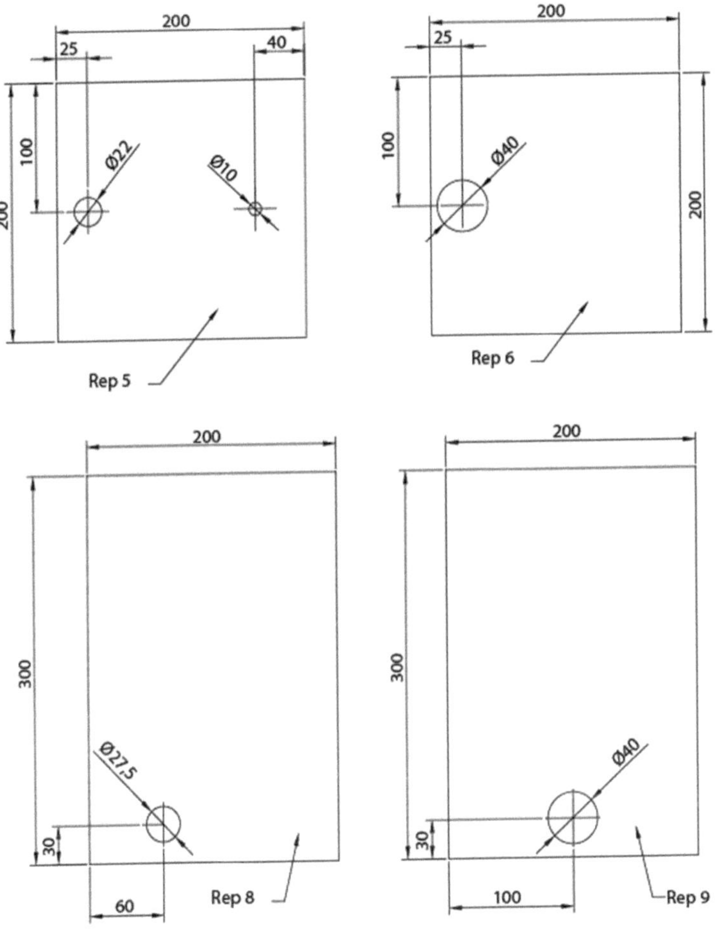

Fig. 65 : Détail des tôles Rep 7, 10 et 11.

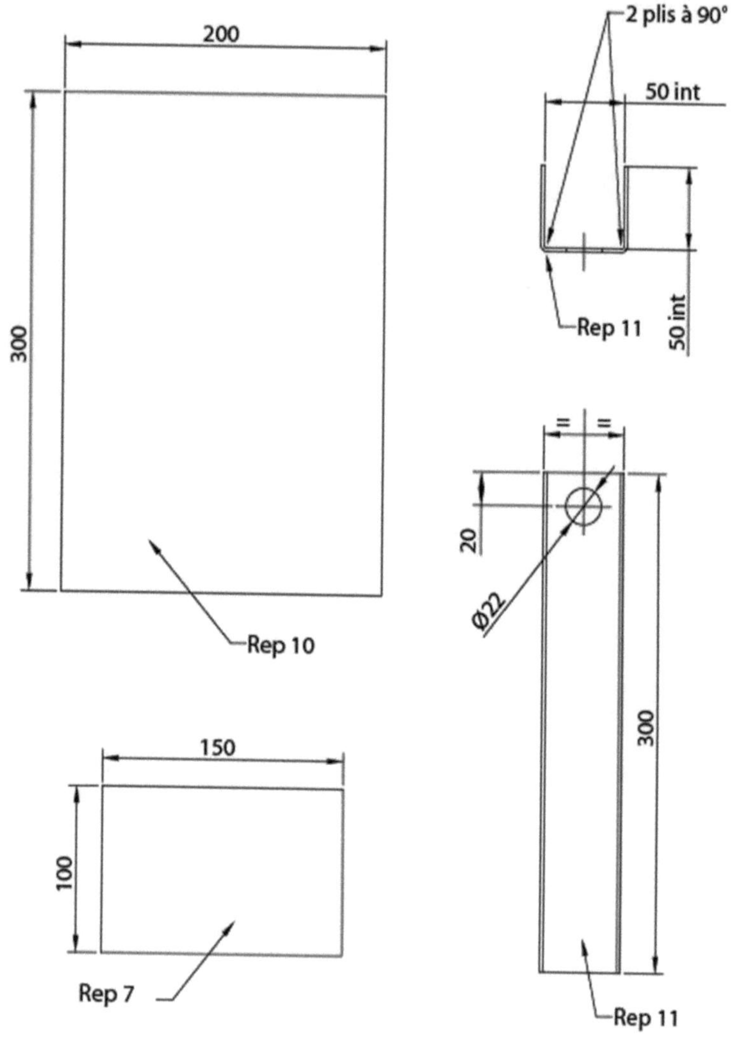

Fig. 66 : Liaison du réacteur à l'admission.

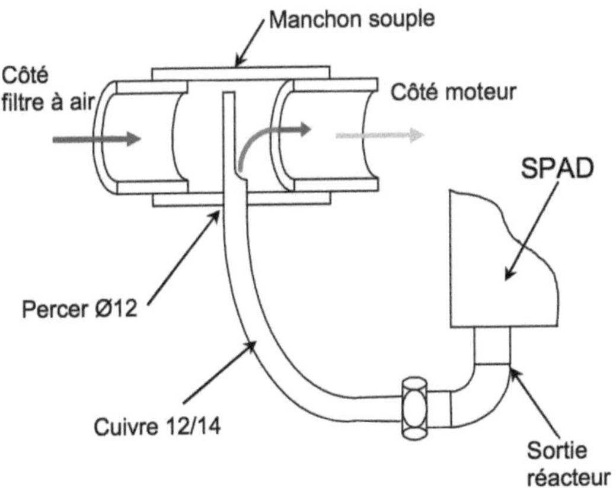

Conseils d'utilisation :

Attention : remplir le SPAD moteur arrêté.

Ne pas boucher le tube de remplissage Repère 12 mais il est possible d'y mettre un filtre (tissu) lors d'un travail très poussiéreux (par exemple : tracteur labourant un champ).
Utiliser de préférence de l'eau non potable pour préserver la ressource, si l'eau est très calcaire alors nettoyer le bulleur régulièrement avec de l'eau vinaigrée.

Modifications pour les moteurs diesel d'une puissance inférieure à 40 ch :

Garder le même réacteur mais diminuer la taille du bulleur, seulement 3 à 6 litres suivant la rapidité de chauffe de l'échappement. Pour les dimensions, respecter les mêmes proportions que l'exemple ci-dessus.

Concernant les moteurs monocylindre, ils doivent tourner assez vite (environs 3000 tr/min) afin d'avoir une aspiration suffisamment constante dans l'admission.

A ces faibles puissances, le réacteur reste surdimensionné et les performances peuvent être décevantes.

Modifications pour les moteurs diesel d'une puissance supérieure à 40 ch :

Augmenter le nombre de réacteurs par tranches de 100 ch environ, les valeurs du tableau ci-dessous ne sont qu'une estimation et peuvent être modifiées suivant les conditions de fonctionnement du moteur, d'encombrement et d'alimentation d'eau :

Puissance	Nbre de réacteurs	Volume du bulleur	Volume d'eau maxi
40 à 100 ch	1	3 à 12 litres	2 à 8 litres
100 à 200 ch	2	12 à 18 litres	8 à 12 litres
200 à 300 ch	3	18 à 24 litres	12 à 16 litres
300 à 400 ch	4	18 à 30 litres	12 à 20 litres

Pour les dimensions, respecter les mêmes proportions que l'exemple ci-dessus et éviter de dépasser 300mm de hauteur d'eau. Pour augmenter l'autonomie, il est possible d'adapter un niveau constant à l'extérieur du bulleur, mais attention aux vibrations qui ont tendance à dérégler ou détruire les mécanismes.

Remarques :

Le SPAD est adaptable sur tous moteurs diesel fonctionnant aux huiles végétales (tournesol, colza…). Il permet un fonctionnement plus silencieux et réduit de beaucoup la pollution des gaz d'échappement.

Attention, arrêtez et démarrez votre moteur au gasoil pur, c'est indispensable pour le préserver.

En vous souhaitant de bonnes réalisations, des économies d'énergie et un air plus sain…

Fig. 66 : Clin d'oeil, le SPAD est aussi… un vieil avion !

Fig. 67 : Schéma à utiliser si le SPAD n'est pas adapté.

Astuce du volet de bridage : c'est un volet automatique (par contrepoids ou ressort) s'ouvrant par la dépression de l'admission et favorisant l'aspiration dans le réacteur dès les bas régimes. Pour le régler, écouter le bullage qui doit commencer légèrement au dessus du régime de ralenti.

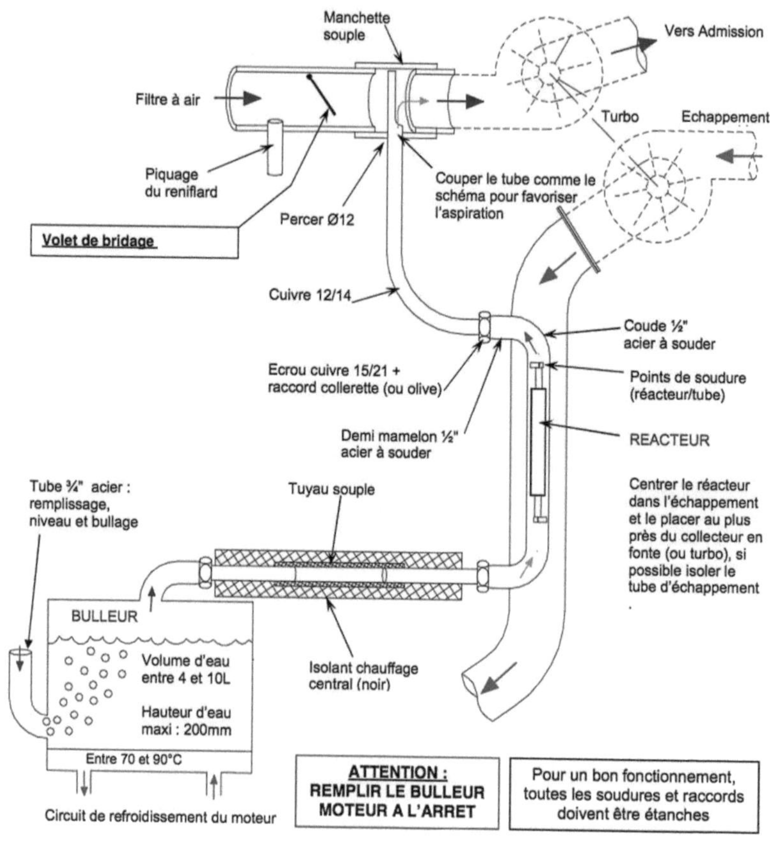

Diagnostic de dysfonctionnement

des moteurs équipés du Retrokit ou autre.

Panne ou anomalie

<u>Cause possible</u>

- Intervention ou correction

Consommation d'eau faible

<u>Mauvaise étanchéité de la tuyauterie</u>

- Vérifier l'état des flexibles inox (cassure due aux vibrations, perçage par frottement)
- Vérifier l'état des durites caoutchouc (fissurées, carbonisées)
- Vérifier les raccords, les resserrer
- Démonter le raccord du diffuseur et souffler vers le réacteur, l'eau doit ressortir du bulleur par la canne de remplissage, sinon alors vérifier toute la tuyauterie jusqu'au bulleur.

<u>Eau trop froide</u>

- Vérifier le réchauffage du bulleur
- Pas de bullage par manque d'aspiration à l'admission
- La durite d'admission est de grand diamètre ce qui diminue la vitesse des gaz d'admission, brider la durite (seulement sur moteurs atmosphériques, pas sur les turbos !) en réduisant le diamètre de 5 en 5mm (rondelles plastiques)
- Diminuer le niveau d'eau pour avoir un bullage entre 900 et 1300 tr/min.

<u>Moteur pas assez chargé</u>

- augmenter la charge du moteur.

Consommation d'eau élevée
<u>Bulleur trop chaud</u>

- Diminuer la température du bulleur, suivant les montages :
- L'éloigner du pot d'échappement par des cales.
- Réduire le débit du liquide de refroidissement par une vanne 1/4 de tour montée en série sur le circuit de l'échangeur.
- Amener de l'air frais à l'entrée du bulleur.
- Placer le bulleur à l'extérieur (pays chauds).
- Aspiration trop forte par le diffuseur
- Diffuseur trop gros pour la durite d'admission, le réduire de moitié sur sa longueur
- Filtre à air sale, le nettoyer.

Le tuyau du bulleur au réacteur est froid
<u>Tuyau de petit diamètre</u>

- Augmenter le diamètre du tuyau
- Bulleur trop froid
- Réchauffer le bulleur (§ précédent)
- Air ambiant trop froid
- Isoler le tuyau.

Le moteur perd de la puissance
<u>Gaz d'admission trop chaud</u>

- Vérifier que le filtre à air aspire de l'air frais
- Le tuyau de sortie du réacteur est trop court, ce qui réchauffe l'air d'admission et nuit au bon remplissage des cylindres donc provoque une perte de puissance. Il faut rallonger la sortie du réacteur pour refroidir le gaz de sortie du réacteur avant injection dans l'admission, surtout pour les moteurs atmosphériques et turbo sans refroidisseur, utiliser aussi un tuyau de cuivre en-

roulé servant de refroidisseur.

Manque d'air

- Vérifier la propreté du filtre à air.

Carburant insuffisant

- Vérifier le filtre à carburant.

Le régime moteur oscille et ne se stabilise pas (effet de pompage)

Statisme trop faible

- Le régulateur est trop sensible, vérifier la position du ressort et la raideur du ressort, le changer par un plus raide si besoin ou resserrer la vis de tension du ressort (pompe bosch en ligne régulateur RSV).

Plus d'économies de carburant

Plus d'aspiration d'air dans le bulleur

- Tuyauterie plus étanche : voir ligne "mauvaise étanchéité de la tuyauterie".

Traces de calcaire

- Nettoyer le bulleur et le réacteur avec de l'acide chlorhydrique dilué.

Manque d'eau dans le bulleur

- Remplir le bulleur.

Moteur compatible mais pas d'économie aussitôt

Moteur calaminé

- Faire fonctionner le moteur de 50 à 100 heures en charge pour décrocher la calamine des soupapes et des segments. Des morceaux de calamines sortiront du pot d'échappement et le taux de compression augmentera.

<u>Régulateur usé</u>

* Après beaucoup d'heures de marche, le régulateur a été utilisé à un seul point de fonctionnement ce qui a usé les axes et pivots des leviers et masselottes. Faire réviser le régulateur et la pompe d'injection.

Le moteur fume noir

<u>Manque d'air</u>

* Vérifier la propreté du filtre à air.

<u>Morceaux de calamines en sortie</u>

* La calamine se détache pendant la période de rodage, faire tourner le moteur en charge pendant 50 à 100h.

<u>Pas de régulation</u>

* Le régulateur ne fonctionne pas et ne corrige pas le débit de carburant, vérifier s'il est d'origine, grippé ou a été modifié.

La fréquence du groupe électrogène augmente

<u>Statisme élevé</u>

* Ralentir la vitesse de rotation du moteur en agissant sur l'accélérateur de la pompe d'injection pour revenir à la fréquence d'origine (50Hz).

Epilogue

Voilà le résumé le plus concis qu'on puisse donner à cet ouvrage, résultat de cinq ans de travail intense, de centaines d'installations épaulées par nos partenaires :

Lorsqu'on ajoute à l'air d'admission d'un moteur diesel fonctionnant à une charge d'au moins 40%, avec une régulation réactive (faible statisme), un fluide additionnel composé à partir d'air et d'eau, on obtient, en utilisant les systèmes que nous avons décrits, de substantielles économies de carburant (jusqu'à 60%).

Voici, de plus, les conditions importantes à respecter pour garantir de bons résultats lors du montage et de l'utilisation du Retrokit ou autre :

* utilisation du moteur avec taux de charge élevé (>50%)
* régulateur de la pompe d'injection de type "toutes vitesses" avec statisme faible (<5%)
* le système doit fonctionner en dépression
* vérifier l'étanchéité de toute la tuyauterie, du bulleur à l'injection dans l'admission, la moindre fuite perturbe le bon fonctionnement
* utiliser de l'eau propre non calcaire à pH faible
* réchauffer l'eau pour en améliorer la vaporisation, température idéale de l'eau du bulleur comprise entre 30°C et 50°C, mais ne pas dépasser 70°C.

Le résultat est empirique, mais bien réel.

Ceci étant, en complément de notre approche pragmatique, il conviendrait de comprendre plus précisément le fonctionnement, en analysant avec précision ce qui émerge du dispositif, ce qui nécessiterait des équipements de diagnostic sophistiqués, dont nous ne disposons pas encore. Est-ce un mélange diphasique au sens classique du terme ? Ce fluide mérite-t-il l'appellation d'aérosol ? Si les particules qui le composent sont électrisées, alors quelle est leur masse type et leur charge électrique ? Celles-ci améliorent-elles le rendement en brisant, du fait du champ électrique qu'elles créent dans leur environnement, les grosse molécules du carburant (cracking) ? Des mesures de la valeur locale du champ électrique (fort délicates), voire du champ magnétique seraient bienvenues sur des périodes longues. Y a-t-il vraiment dissociation des molécules d'eau ? Il faut enfin laisser la porte ouverte à des interprétations "exotiques", par exemple en termes d'action de "clusters de molécules d'eau", d'une taille nanométrique. Certains parlent de sono-luminescence.

Ce livre relate cinq ans d'expérimentations sur les système décrits, dont trois ans de travail quotidien. Nous en apprenons encore tous les jours et cela ne s'arrêtera de sitôt. Ce n'est pas seulement un passe temps de bricoleurs devenus chefs d'entreprise, c'est aussi une grande aventure humaine ou la moindre variation d'humeur ou de susceptibilité peut tout faire basculer.

Nous remercions encore tous nos clients et nos partenaires qui nous ont fait confiance, sans avoir d'explication "scientifiquement prouvée" autre que nos propres conclusions.

Nous tâcherons de répondre à leurs questions.

Septembre 2023

Voici 4 ans que Hypnow n'existe plus, et avec l'arrivée de la voiture électrique ces travaux vont peut-être perdre de l'intérêt. J'ai continué à réfléchir au sujet, voici mes conclusions.

L'ajout d'une petite quantité d'hydrogène et d'oxygène fournit un excellent catalyseur à la combustion par recombinsiason rapide en vapeur d'eau, et démarre l'oxydation du mélange en tous points de la chambre de combustion. Le dépôt de calamine s'en trouve réduit, voire éliminé. Le gaz de Brown monoatomique est plus efficace que les produits d'une électrolyse classique. Le déséquilibre entre le nombre de charges statiques, excédentaires dans le carburant et déficitaires dans l'air d'admission, provoque une combustion mal réglée, en générant des zones de mélange trop riches ou trop pauvres. Il faut donc en retirer au carburant en utilisant les forces de Laplace et/ou en ajouter à l'air par effet de pointe avec un diffuseur métallique acéré, à aiguilles ou dentelure dans une tôle à bords tranchants. En quantité raisonnable, de la vapeur d'eau ou un brouillard d'eau aide à transporter l'élecricité statique dans l'air et sert également de catalyseur à la combustion. Voici ce que j'expérimenterais si l'occasion se présentait :

- un diffuseur de charges pour l'entrée d'air, relié à la masse,

- un filtre à charges statiques disposant d'un fort champ magnétique pour traiter le carburant (type Magn-us),

- un petit générateur de gaz de Brown (HHO) à 1 ou 2 cellules de 2 volts pulsés, d'une puissance n'excédant pas 120 W, dont les 2 ou 3 plaques sont distantes de 10 mm, dont le courant est limité à 10A en cas d'échauffement au delà de 50°C,

- un bulleur ou équivalent pour humidifier l'air d'admission,

- un moyen optionnel de mesurer l'électricité statique du carburant et de l'air d'admission afin de quantifier le déséquilibre.

ANNEXE : DIAGNOSTIC DE COMPATIBILITE

1. Personne responsable du matériel :

Raison sociale :
Nom / Prénom :
Adresse :
Code postal / Ville :
Pays :
Téléphone :
Courriel :
Date / Signature :

2. Matériel à équiper :

Marque :
Modèle :
Année du modèle :
- ❑ Tracteur
- ❑ Motopompe
- ❑ Engin TP
- ❑ Automotrice
- ❑ moissonneuse
- ❑ vendangeuse
- ❑ Moteur fixe
- ❑ Autre
- ❑ Groupe électrogène / Caractéristiques électriques :

Marque de la génératrice :
Puissance (kVA) :
Puissance (kW) :
Intensité en Ampères (A) :   Fréquence (Hz) :
Cos (Phi) :   Nombre de phases :

3. Moteur

Marque :
Nombre de cylindres :
Cylindrée (cm3) :
Puissance (ch) :
Régime d'utilisation (tr/min) :
Diamètre d'échappement (mm) :
Alimentation :
❑ Atmosphérique
❑ Turbo
❑ Sans intercooler
❑ Avec intercooler air/air
❑ Avec intercooler Air/eau
❑ Compresseur

4. Renseignements complémentaires

Kilométrage :
Nombre d'heures de fonctionnement :
Nombre d'heures de fonctionnement annuel :

5. Consommation

Moyenne :
Consommation minimale :
Consommation maximale :
Groupe électrogène :
à 50% de charge :
à 75% de charge :
à ....% de charge :

6. Pompe d'injection

Marque :
- ❑   Stanadyne
- ❑   Bosch
- ❑   CAV/Lucas
- ❑   Rotodiesel

Type
- ❑   En ligne
- ❑   Rotative
- ❑   Rampe commune
- ❑   Injecteurs pompes

Identification :
(Voir plaque signalétique)
Numéro de modèle :

Numéro de série :

Régulateur de la pompe d'injection :
(Voir plaque signalétique)
Numéro de modèle :

Numéro de série :

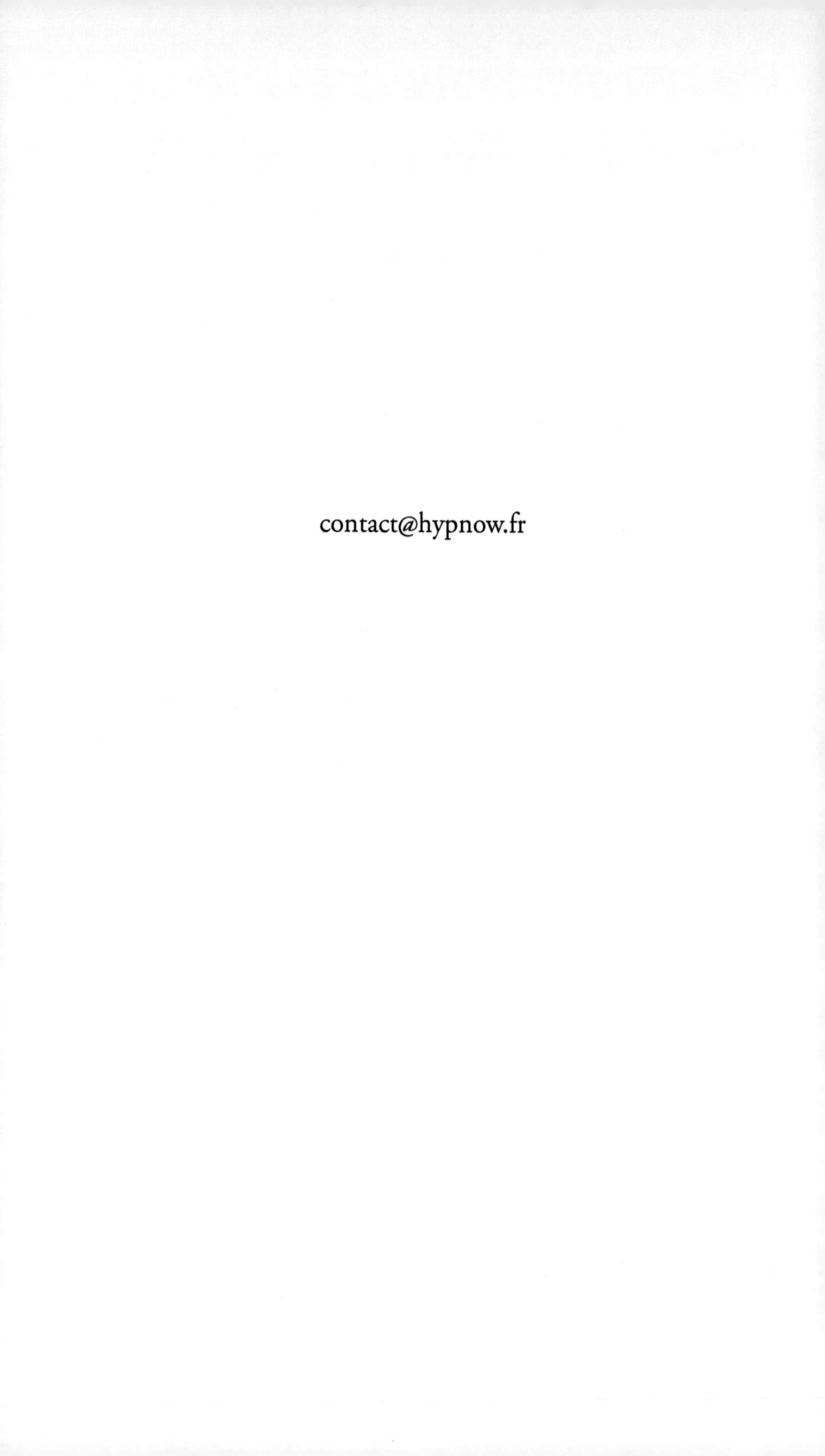

contact@hypnow.fr